你现在所受的苦
总有一天会照亮未来的路

赵辉 著

内 容 摘 要

趁着青春正好，我们只有努力奋斗，才能为自己的人生积累资本，才能在未来的某一个时刻享受自由的人生。反之，假如我们肆意地挥霍青春，丝毫不为自己未来的生活着想，那么到头来只换来半生的穷困潦倒、紧张局促。

很多年轻人都觉得青春就是人生的资本，因而从来不珍惜青春时光，殊不知人生弹指一挥间，青春更是一去不复返。哪怕你现在非常年轻，也不要总是沉醉于安闲舒适的生活，而放弃了拼搏奋斗的好机会。要知道，你现在所受的苦，总有一天会照亮你未来的人生之路！

图书在版编目（CIP）数据

你现在所受的苦，总有一天会照亮未来的路 / 赵辉著. —北京：中国纺织出版社，2018.9（2019.3重印）
ISBN 978-7-5180-5166-3

Ⅰ.①你… Ⅱ.①赵… Ⅲ.①人生哲学—通俗读物 Ⅳ.①B821-49

中国版本图书馆CIP数据核字（2018）第136879号

责任编辑：闫 星　　特约编辑：王佳新　　责任印制：储志伟

中国纺织出版社出版发行
地址：北京市朝阳区百子湾东里A407号楼　邮政编码：100124
销售电话：010-67004422　传真：010-87155801
http：//www.c-textilep.com
E-mail：faxing@c-textilep.com
中国纺织出版社天猫旗舰店
官方微博http：//weibo.com/2119887771
三河市宏盛印务有限公司印刷　各地新华书店经销
2018年9月第1版　2019年3月第2次印刷
开本：710×1000　1/16　印张：13
字数：130千字　定价：36.80元

前　言

常言道，人生不如意十之八九，没有人的人生会是一帆风顺的，大多数人都是在磨难中成长起来的。当然，说磨难，也许有些夸大其词的意思，实际上，用辛苦来概括人生会更加恰当。所谓辛苦，就是人生中总会有大大小小的不如意，也会遭到意外，因而要想生存下去，每个人都必须努力地应对。

生活哪怕再辛苦，我们也必须忍受，对于每个人而言，生活的艰难都是一笔财富，也让我们的人生有了沉淀的机会，也让我们的人生变得充实厚重。每个人从呱呱坠地时就开始哭泣，这意味着人生是艰难的，也告诉每一个嗷嗷待哺的新生命，唯有战胜磨难，才能真正拥抱和享受生命。

众所周知，温室里的花朵根本经不起任何风吹雨打，同样的道理，如果一个人始终顺遂如意地成长，那么他也会如同温室里的花朵一样娇滴滴的，弱不禁风。实际上，做人要学习野草的精神，“野火烧不尽，春风吹又生”，这样才能不断地成就自我，避免被生活吞噬勇气。

在人生的道路上，每个人还要坚持自己的梦想，梦想就像是人生的引航灯，引领着我们不断地奋勇前行，心中始终牢记人生的方向。当我们走在通往成功的道路上，我们会发现开始并没有那么难，而坚持也会赋予我们无穷无尽的勇气。

在刚刚过去的“双十一”天猫狂欢节上，马云再一次创造了传奇。短短一两天的时间，一千多亿的销售额，这是任何实体店铺都无法与之相媲美的。而马云能够从当年在杭州西湖湖畔开始创业走到今天，完全是因为他不服输、坚持到底的精神。如今，很多人羡慕马云的成功，都觉得马云是因为抓住了好机会才能找到这样的捷径功成名就，实际上，每一个熟悉马云的人都知道，马云的成功绝非偶然，而是历经千辛万苦努力拼搏才得到的收获和命运的馈赠。

作为年轻人，假如你每天晚上早早地钻入被窝，每天清晨又赖在温暖的被窝里不肯起来，那么再看看那些比你聪明还比你更努力的人，你还有什么资格抱怨自己运气不好，从来得不到命运的青睐呢！作为新时代的年轻人，既然知道自己面临着巨大的压力和责任，就要鼓起勇气，信心百倍地勇往直前。要知道，没有任何一个年轻有为的人敢于满足现状，他们很清楚“不吃苦，不奋斗，你要青春干什么”的道理，也因此铆足了力气奋不顾身地向前，向前，再向前。

人生，从来不应该是静止的状态，生活就如逆水行舟，不进则退，唯有抓住青春的好时光努力奋斗，我们在未来的生命中才不至于懊悔万分，也才不至于追悔莫及。朋友们，从现在开始，为了美好的未来，努力奋斗吧，相信当你不负青春，命运也定然不会负你。

编　者

2017年11月

目　录

第 1 章

青春就是用来吃苦的，否则拿什么去点燃未来的灯火

就像《平凡的世界》里，孙少平的父亲所说的恓惶的日子，我们也要说，如果年轻人没有梦想，也会如同《平凡的世界》里那些穷困的老百姓一样，把日子过得恓惶，甚至连让孩子吃饱饭都成为奢侈。不得不说，每个人都应该有梦想，因为梦想能为青春增添色彩，也能让人生多一抹亮丽绯红。为了让青春绚烂多彩，年轻人要有梦想，只有怀揣着梦想不断奋斗，年轻人才能走过路过，不错过人生最精彩的时刻。

梦想，是人生的必需装备

曾经年轻过的人都知道，有一种力量能让年轻人热血沸腾，哪怕失败了，也擦擦眼泪爬起来继续迎着风奔跑。寻常的日子里，年轻人总是害怕被他人嘲笑，也不知道如何面对自己的未来，然而实际上，这种力量让他们对别人的冷嘲热讽无动于衷，因为他们坚信梦想能够改变一切，也坚信梦想会给人带来翻天覆地的变化。大多数日子里，梦想只是一粒种子，被深埋在年轻人的心底，直到遇到合适的机会，曾经小小的、不起眼的种子马上就会汲取养分，生根发芽，开花结果，从而成长为参天大树，也成为人生的栋梁和支撑。

没有梦想的年轻人，总是漫无目的地生活。他们每天就像和尚一样，当一天和尚撞一天钟，从来不用心念好生活的心经。年轻人为何总是这样疲惫不堪呢？就是因为年轻人缺乏梦想，也全无斗志。既然如此，年轻人就要在哪里跌倒了，就在哪里爬起来，归根结底，年轻人要为自己的命运奋力拼搏，也要为自己的前途拼搏，更要为了实现梦想而不懈努力。梦想是人生的引航灯，大多数人在一生之中都像船长在茫茫的大海上航行一样，在人生的旅途中总是毫无方向，也缺乏动力。一旦有了梦想，一切问题都得以解决，年轻人也会变得充满斗志，意气风发，为了实现自己的梦想而不懈地努力和奋斗，哪怕遇到艰难坎坷也绝不退缩。这就是梦想给予年轻人的力量，也可以说梦想是年轻人必不可少的人生装备，是帮助年轻人到达人生彼岸、获得成功人生的必经之路。

艾米是一位教师，她已经在教师的工作岗位上坚守40多年了。如今，她刚刚退休，不免觉得生活很无聊，因而决定把一直以来因为忙于工作而疏于收拾的阁楼好好收拾下。在收拾的过程中，艾米发现了厚厚的一叠作文本，上面落满了灰尘，页面泛黄，可见年代久远，艾米也不知道自己是何时把这叠作文本放到阁楼上的。直到拂去灰尘，打开第一本作文本来看，艾米才发现这叠作文本已经在阁楼上静静地躺了25年了。作文本里最后一篇作文，把艾米唤回25年前的那节作文课。在那节作文课上，艾米让作为中学生的学生们写下了自己的梦想。当时，学生们还针对梦想展开了讨论。

艾米开始读学生们的作文，她读得很入迷，边读边情不自禁地微笑起来。学生们的梦想各不相同，有些学生因为自己曾经在游泳时喝了很多水，而梦想成为海军军官；有的学生能记住美国很多城市的名字，因而梦想成为美国总统……在诸多同学的梦想中，戴维的梦想最让人惊讶。戴维是个盲人，而他的梦想却是成为英国的内阁大臣。艾米清楚地记得，当戴维说出自己的梦想时，全班学生哄然大笑，除了戴维绷着一本正经的脸。艾米也情不自禁地笑了起来，因为有史以来英国历史上还没有盲人成为内阁大臣的呢！然而，此时此刻艾米读完学生们的作文后，突发奇想：我为何不看看当年的学生们是否都实现了自己的梦想呢？作为老师，她实在很想知道，时光穿梭了25年，曾经的学生们如今的样子。

艾米说干就干，马上在一家发行量比较大的报纸上刊登了启事，请当年的学生们看到启事之后联系她，并且说她将会把学生们25年前的梦想全都寄还给他们。很快，艾米陆陆续续接到了学生们的回信，他们都写信告知艾米他们如今的住址，并且感谢老师至今还保留着他们25年前的作文。通过学生们的回信，艾米发现他们或者从政，或者经商，而大部分人都做着普通的工作。艾米迟迟没有收到戴维的信，不由得为戴维担心：作为一个盲人，戴维如今不知道生活得好不好呢？

直到一年之后，艾米突然收到了内阁大臣布伦克特的信。艾米很惊讶，因为她想不出来自己和内阁大臣会有什么关系。看完信，艾米大吃一惊，原来布伦克特就是戴维，他真的已经进入英国内阁，成为主管教育的大臣。在信里，戴维告诉艾米："老师，我就是戴维。万分感谢您迄今为止依然保存着我们年少时的梦想，但是您无须把那篇关于梦想的文章寄给我了，因为这么多年来我始终牢记自己的梦想。我为了梦想一直在努力，如今我终于梦想成真了。很感谢您，当年启发了我们的梦想，也让我们的人生从此有了方向。我想与您和同学们分享的就是，只要坚守梦想，我们终有一天会实现梦想！"

一个人如果能够坚持梦想25年，那么哪怕他想当美国总统，也一定能够实现。遗憾的是，现实生活中，尽管有远大梦想的人很多，但是真正能够坚持梦想、实现梦想的人却少之又少。光阴荏苒，人生如白驹过隙，任何时候，我们都不要忘却初心，而要坚持，再坚持，永远坚持。

现实生活中，人人都知道"志存高远"的道理，然而真正为了梦想坚持不懈、孜孜以求的人却很少。不得不说，有梦想的人哪怕走的是充满坎坷崎岖的路，他们也能鼓起勇气，充满信心和力量，从而让人生奋勇向前。而没有梦想的人，只能在山脚下看着人生的巅峰不停地感慨和慨叹，根本没有机会真正到达人生巅峰，实现人生的梦想。所以朋友们，你们可以没有钱，也可以没有资历，甚至可以不再年轻，但是一定要有梦想。就像摩西奶奶，以76岁高龄成为举世闻名的画家，也是因为她有梦想，并且敢于马上展开行动，实现自己的梦想。如果梦想始终停留在空想阶段，也会失去梦想的本意，使梦想成为空想，再无实现的可能。

梦想，是人生的指明灯

很多熟悉航行的人都知道，船只在大海上航行，必须接受导航的指引，尤其是在靠岸时，更要以灯塔作为导向，才能平安抵达岸边。在人生之中，每个人又何尝不像一叶扁舟，时而随波逐流，时而朝着既定的目标奋斗。常言道，人生不如意十之八九。有的时候，理想很丰满，现实很骨感，虽然年轻人想要拼尽全力地做出自己的成就，但是现实却总是一波三折，使人根本没有办法继续坚持初心。坚持当然很难，也可以说坚持一向很难。所以在人生之中，坚持梦想的指引，朝着梦想不懈地努力，就显得尤为珍贵。

在人生中，每个人都未免感到迷惘。每当这时，与其在原地徘徊，不知道该如何选择人生的岔路口，不如坚持梦想，从梦想中获得人生的原动力，让人生能够开足马力，一往无前。从这个意义上而言，梦想就是人生中明确的方向，也是人生中确凿无疑的目标，更是人生中的一把金钥匙，能够帮助我们走出人生很多艰难的困境。梦想既是茫茫人生中的指路灯，也是人生路上的方向盘，带着我们奔赴人生各个目的地。所以一个人要想实现梦想，成就自我，并不一定要经历多么高等的教育，也不在于拥有有权有势有钱的父母。古今中外，很多穷人家的孩子在经历坎坷磨难后，也获得了成功的人生，就是因为他们始终坚持梦想，绝不放弃。哪怕遭遇坎坷和挫折，他们也总是一往无前，乘风破浪。

很久以前，有个孩子出身于美国农村的一个贫穷家庭里。孩子虽然没有富足的童年，但是他拥有伟大的梦想。转眼之间，他已经进入少年时期，对于人生的憧憬和规划也越来越明确具体。为了防止自己忘记梦想，他专门找出一个笔记本，在上面写下了《人生的梦想》："要去亚马孙河、大名鼎鼎的尼罗河进行探险活动；要登上世界最高峰——珠穆朗玛峰，还要去乞力马扎罗山等地游览风景；要骑在大象的背上看风景，要骑在骆驼的背上走过沙漠，还要骑着鸵鸟穿越丛林，驯服桀骜不驯的野马；要沿着马可·波罗和亚力山大大帝曾经征服世界的道路走一遍；要成为电影演员，主演不逊色于《人猿泰山》的电影；要读莎士比亚的戏剧，读柏拉图的哲学著作；要进行一项发明创造，造福于人类；要给世界上贫穷地区的孩子进行募捐活动，筹集100万美元为他们买生活用品和学习用品……"在这本《人生的梦想》上，孩子密密麻麻写了很多。认真数一数，居然达到一百多项。不管是父母，还是朋友，每当看到孩子的梦想，都啼笑皆非。毕竟人的时间和精力是有限的，一个人怎么可能完成自己所有的梦想呢？

已经成为少年的孩子开始为了梦想不懈努力，他脚踏实地地去做，从未因为梦想的数目太多、难度太大而放弃任何梦想。他从不叫苦叫累，也曾经在各种艰难的处境里险些丧命，但是他非常执着，坚持去做，最终把那些他人眼中不可能实现的白日梦变成了真实可触的现实。在此过程中，少年也渐渐走过青年、壮年，直到40多年的时间过去，少年已经实现了106个梦想，距离实现自己所有的梦想只有一步之遥了。得知他的伟大成就和惊人收获，全世界都沸腾了。他到底是谁呢？他就是20世纪大名鼎鼎、尽人皆知的探险家约翰·戈达德。

对于戈达德的伟大成就，很多人都觉得非常惊讶，也觉得不可思议。他们认为一个人根本不可能实现这么多的梦想，但是戈达德偏偏做到了。他之所以能够成功，秘诀其实很简单。正如他所说的，“让心灵先到达向往的地方，就会充满力量奔赴目的地，因为心灵在召唤着你”。古代社会，人们在战场上拼杀，讲究的是兵马未动，粮草先行。戈达德的策略也很简单，那就是身未动，心已远。众所周知，人是灵肉合一、身心合一的。当心灵渐行渐远，去了心向往之的地方，人当然也会情不自禁地遵从心的召唤，去到梦寐以求的地方。

尤其是对于少年时期的梦想，一定要忠诚。很多人因为一时冲动说出自己的梦想，却又因为无法坚持下去，便轻而易举放弃了自己的梦想。毫无疑问，这样的人注定一事无成。细心的朋友会发现，古往今来，几乎所有成功人士或者伟大人物，无一不是拥有梦想并且坚持梦想的人。朋友们，现实尽管很残酷，但是一味地妥协一定会让你失去在人生中的主动权，导致处处被动。既然如此，何不让梦想扬帆远航，也引领着我们的人生更加圆满呢！

梦想决定人生，成就未来

有人说性格决定命运，有人说眼界决定人生的高度，我们要说梦想决定人生，成就未来。虽然人生充满了无常，不可能完全按照我们所规划的样子去发展，但是人生总是需要构思，需要憧憬的。这就像画家作画，要先有灵感，然后进行大概的构思，再进行初步的设计，最后才能填充画布，给画作着色。人生也是如此，没有任何规划和构思的人生是随波逐流，只有先规划人生，畅想人生，确立人生的梦想，我们才能在人生道路上不断前进，也积极地奋发向上，成就自我。

从本质上而言，梦想是人生的目标所在，也是人生的方向所在。一个人唯有确定人生的方向，才能让人生的努力和奋斗都有意义。相信很多人都听说过《南辕北辙》这个历史典故，故事里的主人公明明要往南去，而且准备了充足的盘缠、技术高超的马夫，还雇了一辆非常坚固结实的大车，但是就因为他选错了方向，所有这些有利的条件归根结底都会变成负面的因素，导致这个人距离自己的目的地越来越远，也就根本无法实现梦想。所以要想人生事半功倍，首先要做的就是确定梦想，从而以梦想激发出自己的无穷潜力，也让自己能够朝着既定的目标不懈奋斗。哪怕最终无法实现梦想，我们也会无限接近于自己的梦想，从而让自己的人生更接近于成功。大多数心怀梦想的人，只要不牢骚满腹，只要不总是抱怨，终有一天能够凭借不懈努力梦想成真。

施瓦辛格出生于1947年，他的父亲是警长，也许是因为受到父亲的影响，他从小就热爱健身。为了让健身卓有成效，他还专门从很多健美杂志上学习相关的方法，而且也为自己制订了营养计划。就这样，施瓦辛格的身材越来越好，不但健康，而且很有型。

1968年，施瓦辛格全家从奥地利移民到美国。渐渐地，施瓦辛格对于自己的人生有了初步设想，那就是当明星。为了距离明星梦更进一步，施瓦辛格在此后接连几年参加“奥林匹亚先生”大赛，都成功夺得“奥林匹亚先生”的名头。1983年，施瓦辛格还在国际健美比赛上夺得“健美先生”的称号。此后，施瓦辛格在健美领域做出了一定的成就，名气也越来越大。施瓦辛格觉得，自己已经等到在电影界出人头地的好时机了。

后来，施瓦辛格拍过电视剧，也出演过电影，但是都反响平平。直到1984年，施瓦辛格才在《终结者》中一举成名。后来，施瓦辛格在《终结者2》中的表现依然优秀，在《真实的谎言》中也给观众留下了深刻的印象。渐渐地，施瓦辛格的名气更大了，成为在美国尽人皆知的影视明星。后来，施瓦辛格在2003年参加加州州长的竞选，得到了选民的投票支持，成功当选加州州长。不得不说，作为一个影视明星，施瓦辛格的人生经历是很传奇的，他的人生成就也是非常伟大的。

在成为明星之前，施瓦辛格就是一个普普通通的美国民众，然而，他先是成为健美先生，再成为影视明星，后来又投身于政界，再后来居然成为加州州长。在此过程中，施瓦辛格成为很多美国人的偶像。那么，同样作为普通人，我们的人生又该如何呢？很多朋友都觉得人生迷惘，也不知道自己该何去何从。殊不知，人生的道路完全在我们的脚下，命运的脉搏也把握在我们自己手中。我们想要成为怎样的人，就要朝着期望的方向努力；我们希冀拥有这样的人生，就要提前梦想和认真规划自己的人生。

对于人生而言，梦想是至关重要的。它不仅为人生提供能量和动力，也帮助我们确定人生的方向。所以每一个朋友都要珍惜生命的机会，都不要无缘无故放弃梦想。只要我们愿意为梦想付出和奋斗，我们最终就一定能够有所收获。退一步而言，哪怕我们不能如愿以偿实现梦想，也能够在追逐梦想的过程中无限接近成功。唯有如此，我们的人生才不会虚度，而是充实绚烂，收获颇丰。

努力的人，才能得到梦想的青睐

现实生活中，很多朋友都抱怨自己距离实现梦想非常遥远，与成功也常常失之交臂。这就像是人们抱怨机会从来不青睐自己一样，其实不是机会不青睐我们，而是我们没有做好准备，导致只能眼睁睁地看着机会从我们身边溜走。常言道，机会总是留给有准备的人的。既然如此，我们就要更加珍惜机会，也要鼓起勇气奋勇向前，不断地追赶和创造机会。对于梦想，同样如此，我们唯有坚持努力，才会更接近自己的梦想，也才会距离成功越来越近。要记住，这个世界上绝不会有天上掉馅饼的事，也没有一蹴而就的成功。任何情况下，我们都要坚持付出和努力，才能有所收获。当然，徒劳无功也是有的，付出没有回报的情况并不罕见，这恰恰是成功对于我们的考验和衡量，因而我们要咬紧牙关坚持下去，才能最终成就梦想，成就自我。

古希腊大名鼎鼎的哲学家苏格拉底曾经说，为了理想而不懈努力奋斗，是这个世界上最让人愉快的事情。苏格拉底口中的理想，就是我们所说的梦想，就是要伴随我们一生的引航灯和动力源泉。很多无奈的人都相信命运，这恰恰意味着他们已经接受了命运的安排。而那些人生中真正的强者，他们知道命运从来不会轻易改变，因而他们已经做好了努力与命运抗争的准备，也确定命运与梦想总是相依相伴、结伴而行的。所以说，奋斗是实现梦想、改变命运的最好方式之一，如果没有奋斗，我们再美好的梦想和理想都会变成镜中月水中花，毫无意义。

从生命的本质而言，奋斗不但意味着对待人生的态度，也意味着当事者要切实做出的行动。众所周知，这个世界上根本没有所谓的平等，很多朋友都追求平等，也只能得到人格上的平等。每个人从呱呱坠地开始，就要不断地在人生的道路上向上攀登，也常常遭遇坎坷磨难，一旦缺乏奋斗的精神，未免会知难而退，或者搪塞自己。从这个角度而言，努力的人也拥有向命运挑战的勇气。哪怕他们明知自己是自不量力，知道自己不可能顺利获得成功，他们也依然如同逆风行驶的帆船，扬起船帆涨满风，从而让人生每一步都稳扎稳打，步步为营。这样的人生也许从不轻松和惬意，但是在不断的努力之下，必然非常充实，也绝不虚度。

在德国，有一个贫苦人家的男孩特别想学习音乐，成为音乐家。然而，学音乐需要花费很多的金钱，诸如购买各种乐器，跟随老师上课等，都价值不菲。为此，大多数学习音乐的孩子家境都很富裕，他们从不为钱发愁，而且总是买最好的乐器。看到这里，我们不难想象男孩想学习音乐会面对多么大的困难，先不说其他的乐器了，仅仅是一架钢琴就是他们全家人砸锅卖铁也无法负担的。然而，男孩并没有打退堂鼓，他依然非常喜欢音乐，为了练习演奏钢琴，他用废弃的旧纸板为自己做了一个钢琴的键盘。当然，这样简陋的平面键盘根本无法与真正的钢琴键盘相比，但是男孩毫不气馁，而是坚持在纸板键盘上练习贝多芬的《命运交响曲》。虽然纸板键盘没有声音，但是优美的旋律流淌在男孩的心里。他全身心地演奏着，似乎已经听到了键盘大军合奏出来的震人心弦的琴声。

男孩几乎每天都坚持练琴，他的十个手指头都被生硬的纸板键盘磨破了。随着不断的学习和进步，男孩开始作曲，而且他的曲子旋律优美，扣人心弦，还能卖出不错的价钱呢！男孩用自己辛苦积累的第一笔钱，为自己购买了一架非常破旧的钢琴。尽管这个钢琴已经失去音准，而且看起来也破破烂烂，但是男孩很珍惜自己得来不易的钢琴。他摸索着学习给钢琴调音，修好钢琴的很多小毛病，然后就沉浸在自己的钢琴旋律中无法自拔，如痴如醉。

那一年，男孩儿还不到20岁，但是他已经走出德国，在整个世界的乐坛上崭露头角了。他成为最著名的电影音乐创作人，而且在好莱坞极富盛誉。后来，他凭着《狮子王》的主题曲，在第67届奥斯卡金像奖颁奖典礼上获得最佳音乐奖。他就是汉斯·齐默尔——举世仅有的凭着纸板琴键自学成为音乐大师的人。

这个世界上的万事万物都处于发展和变化之中，人也不可能始终保持静止状态。一个积极的人，一个有活力的人，会不停地追求人生更高的目标。人生就像是攀登阶梯，爬上一个台阶，再上一个台阶，直到到达人生的巅峰。所以人们常说，人生如逆水行舟，不进则退。

朋友们，你们可曾有勇气用破旧的硬纸板做一个平面的钢琴键，然后每天坚持练习呢？这个世界上绝没有无缘无故的成功，任何人的成功都是付出努力之后才能得到的机会，更需要当事者咬紧牙关，坚持不懈。

现实生活中，很多朋友抱怨自己运气差，不能得到命运的青睐，殊不知，没有人有天生的好运气，而我们羡慕的那些人都是在历经辛苦之后，才在人生中有所收获的。不得不说，怀揣着梦想前进尽管听起来是一件非常浪漫的事情，实际上做起来也许倍加艰难。我们心中的梦想越是远大，我们对于现实的遗憾也就越是深重，毕竟理想是丰满的，现实是骨感的，很多时候哪怕我们想得很周到，也不一定能够做得恰到好处。有人说人生是没有归程的旅途，实际上，对于人生而言最重要的不是结果，而是奋斗的经过，是努力的过程。现代社会很多年轻人都不喜欢奋斗，总觉得唯有投机取巧才能顺利达到梦想的彼岸。殊不知，投机取巧也许会让你一时领先，但是生活是漫长的马拉松，别说投机取巧了，就算有爆发力也远远不够，还要有耐力，有韧性和毅力坚持下去，人生才能勇往无前。朋友们，从现在开始，带着梦想，朝着梦想指向的远方努力吧！当你坚持付出，就会发现一切都水到渠成！

让梦想扬帆远航，让人生展翅腾飞

还记得在年幼的时候，我们不止一次地梦想着自己能够飞起来吗？我们不停地像扑扇翅膀一样扑扇双臂，我们也不止一次做梦梦到自己坐在魔毯上，想去哪里，就飞到哪里。然而，这一切终究都是我们的想象，要想成为人生的强者，除了憧憬之外，我们还要做得更多，才能让人生展翅飞翔。

曾经，有一个失去双臂的女孩说，人生有梦想就可以飞翔。的确如此，梦想是非常神奇的，它能够激发我们的勇气和斗志，也能帮助我们长出翅膀，实现真正的飞翔。所以有人说，梦想是获得成功的重要条件，其实从本质上来说，梦想就是我们平日里所说的“野心”，甚至与“欲望”也有着千丝万缕的联系。一个人有欲望，对自己生出更多的要求，渐渐拥有野心，当把野心提升到一定的高度，就成为指导人生的梦想。

人人都知道人生需要拼搏，但是真正在人生之中坚持拼搏的人却少之又少。梦想不但是责任，也是坚定不移的理想和信念，更是每个人决定的目标和方向。尤其作为年轻人，人生的道路还很长，更不能懵懂度日，而要坚持自己的梦想。要记住，当我们憧憬未来，憧憬梦想，我们就能以心中的强大力量带着自己飞起来，飞跃人生的千山万水，达到梦想的彼岸。

很久之前，有一个专门以给人放羊为生的人，带着两个年幼的儿子去山坡上放羊。有一天，父亲把羊赶到水草肥美的地方吃草，就带着孩子们躺在向阳的山坡上晒太阳。正当此时，天空中有一群鸟飞过，这群鸟飞得特别快，不久就消失在天边。这个时候，小儿子问父亲：“鸟儿要飞去哪里呢？”父亲想了想，回答说：“天冷了。鸟儿要飞到温暖的南方去，这样它们就能平安过冬了。”听了父亲的回答，大儿子陷入沉思，良久才说：“我如果也能飞，那就太好了。”小儿子也喃喃低语：“我也想成为一只鸟儿，想飞到哪里，就飞到哪里。”

听了两个儿子的话，父亲陷入沉思，很久才对儿子们说：“你们也可以飞的。”听到父亲的话，两个儿子都欢呼雀跃，当即从草地上站起来试着飞上天去。他们不停地扇动双臂，却根本飞不起来，不由得很失望。这时，父亲又说：“我年纪太大了，所以彻底不能飞了。但是你们还很小，只要你们想飞，坚持努力，未来一定可以飞到任何自己想去的地方。”

父亲不知道，从这一刻开始，飞翔的梦想就这样扎根在兄弟俩的心中。他们始终牢记父亲的教诲，也想方设法、竭尽所能地想要飞起来。直到若干年后，兄弟俩都长大了：哥哥36岁，弟弟32岁。这个时候，兄弟俩真的飞起来了，他们就是发明飞机的莱特兄弟。

从一个年少时期的梦想开始，莱特兄弟从未忘记过初心，更没有搁浅过梦想。他们一直坚持梦想，为了梦想不懈努力，所以才能实现飞天梦，成为世界上第一个发明飞机的人。当然，莱特兄弟真的飞起来了，其实，飞翔不仅仅局限于真正的飞，也指人们要突破内心的禁锢，放飞人生，实现对自我的超越。

1983年，杰西卡出生在美国的一家医院。然而，接生她的医生都惊呆了，因为她根本没有双臂。即便如此，父母对杰西卡的爱从未有分毫减弱，在父母无微不至的呵护和照顾下，杰西卡和大多数女孩一样渐渐地长大，变得越来越可爱。然而，她也更加懂事，意识到自己和其他孩子的不同后，杰西卡不由得自惭形秽，哭着问妈妈：“妈妈，为什么我和别人不一样？为什么我没有双臂？”

一直以来，妈妈都力图给杰西卡正常的对待，她也的确是这么做的。在妈妈心目中，杰西卡和其他孩子一样健康正常，没有丝毫不同。为此，妈妈告诉杰西卡：“孩子，你有翅膀，你的翅膀就在你的心里。总有一天，你会飞起来的。”妈妈的话给了杰西卡新的希望，她有些难以置信地问妈妈：“妈妈，你说的都是真的吗？”妈妈坚定地点点头。在爸爸妈妈的支持和帮助下，杰西卡开始学会用双脚来做一些事情。在大多数人的心目中，用双脚代替双手，这几乎是不可想象的。然而，在日复一日、年复一年的锻炼下，杰西卡双脚的灵活性和柔韧性越来越强，她不但能用双脚自己吃饭、穿衣服，还能用双脚敲击键盘，或者演奏乐曲呢！对于杰西卡而言，双脚就是她的双手，双脚就是她的翅膀。她几乎每天都坚持跑步和运动，以增加自己双脚的灵活性和双腿的柔韧性。最终，她不但学习成绩始终非常优秀，还顺利读完了大学。对此，杰西卡从未感到满足，她知道她要想飞起来，就要付出相当于常人千百倍的努力。杰西卡学习跆拳道，学习游泳，她比普通的女孩活得更加充实和生动。她甚至以顽强的毅力考取了驾照，通过了驾驶学校严格苛刻的考核。杰西卡终于飞起来了，她以后就可以驾驶汽车自由地在人世间飞翔。然而，她依然不满足，她居然在25岁那年考取了私人飞机的驾照。她的成功彻底改写了美国的飞行历史，从此以后美国拥有了第一个合法用双脚驾驶飞机的人。

对于一个活泼可爱的女孩而言，没有双手，可想而知命运对她多么残酷，她又是多么被动。然而，看着如今这个飞翔的杰西卡，我们又不由得感慨：杰西卡多么美丽坚强和勇敢无畏啊！后来，在为很多人演讲的过程中，杰西卡都在不停地重复着一句话："你的梦想有多高，你就能飞多高！"这句话激励了无数人，也给了他们勇气和力量。

杰西卡拥有梦想的翅膀，虽然她是折翼的天使，但是她梦想的翅膀从未被折断过。从杰西卡的经历中我们也不难看出梦想的伟大力量，所以朋友们，从现在开始，让我们每个人都拥有自己的梦想吧。只有有梦想，我们才能创造奇迹。尽管梦想看不见也摸不着，但是梦想从来都陪伴在我们的身边，渗透在我们的生命中。

第2章

吃点苦不算什么，想成功就要对自己狠一点

这个世界上如果只有甜这一种滋味，那么甜也就不再是甜，而是会成为一种不知名的味觉，或者被冠以其他的名字。正如人们常说的，没有丑，就无所谓美，没有矮，就无所谓高。人生中很多事情都是相对而言的，因而没有吃苦，也就无所谓成功之后的欣喜若狂和幸福满足。所以朋友们，不要再因为成功之前吃苦而感到愤恨，所谓成功就是要对自己狠一点，吃点苦又算得了什么呢？

苦，是人生的调味料

如今社会的主力是“70后”和“80后”，“90后”也渐渐崛起，加入到上有老、下有小的中坚力量中。也许“70后”还好些，但是“80后”和“90后”基本上都是独生子女，所以他们都因为娇生惯养根本不能吃苦。然而，对于年轻人而言，吃苦是一种经历，正所谓不经历无以成经验，如果年轻人始终在蜜罐里长大，又如何能够领会生活的艰辛，从而对自己提出更高的要求，让自己扛起更重的担子呢？

所谓吃苦，顾名思义就是要经历人生的苦难和磨难，在遭受挫折的时候也绝不放弃，而是继续努力，再接再厉。现实却是，大多数独生子女一代哪怕有了自己的孩子，也要依靠父母养育孩子，而自己则稍微吃一点点苦就喊冤叫屈，根本不能支撑起一片天空为父母遮风挡雨。很多年轻人总是好高骛远，总是羡慕他人的成功，而没有留意到他人在成功背后付出了多少努力。古人云，“天将降大任于斯人也，必先苦其心志，劳其筋骨，饿其体肤，空乏……”细心的朋友也会发现，古今中外那些伟大的人物，或者经历过常人难以想象的经历，或者吃了常人根本吃不了的苦，所以才能一直坚持奋斗，最终成就自我。所谓吃得苦中苦，方为人上人，也是教育我们要勇于吃苦，敢于吃苦，才能善于吃苦，苦中作乐。

人人都憧憬幸福，渴望自己成为人人羡慕的人上人，殊不知这个世界上没有任何成功是可以一蹴而就的，所以要想成功，必须先学会吃苦。一个人如果不能坦然面对挫折和苦难，那么就享不起生命历程中那么多幸福。记得曾经有一位百岁老人在接受记者采访时，回答记者人生就是“熬”出来的。的确如此，从老人用的这个“熬”字，我们不难看出老人的人生经验就是“熬”，也由此可以想见老人在漫长的人生历程中吃了多少苦，经历过多少为难的事情和绝望的处境。

从师范学校毕业后，桂花当了两年老师就辞掉工作，独自一人背起行囊去了北京打拼。刚刚到北京，桂花人生地不熟，既没有亲戚，也没有朋友，两眼一抹黑的她只好去早点摊上帮人家炸油条、炸油饼。她每天4点钟就要起床，要一直干到中午12点早点摊收摊才能睡觉。对此，桂花毫无怨言，毕竟只有先生存下去，才能谋求更好的发展。

炸油条一个月后，桂花找到一份在打工子弟学校当老师的工作，不得不先重操旧业，毕竟这比炸油条更有意义。这份工作，桂花一干就是一年多。因为是打工子弟学校，所以工资很低，还常常会缓发薪水，桂花不得不勒紧裤腰带过日子。一年多后，桂花无以维生，这才狠下心来加入销售行业，从此面对承担巨大的销售压力和工作、生活都不稳定的双重局面。在刚刚从事销售工作时，桂花3个月都没有任何绩效，只能依靠那些微薄的底薪过日子，每天都吃咸菜馒头和白开水，住在阴暗潮湿的地下室里。

3个月之后，桂花好不容易开了第一单，从此之后一发而不可收拾，业绩越来越好。就这样，桂花成功地打开了局面，渐渐地在北京站稳了脚跟。

每一个北漂过的人，大概都有过这样难以向人诉说的辛苦。然而，每一个有梦想的人，哪怕放弃在老家的安逸生活，也还是愿意去北上广深等大城市，找机会实现自己的梦想，成就自己的人生。等到熬过这段艰难的岁月，他们甚至会为自己感到骄傲，因为再难熬的日子也都已经熬过来了。

对于每个人而言，吃苦都是立足人生的根本。我们的祖辈、父辈，都是从苦中走过来的，为何到了年轻一代，吃苦就成为人生中罕见的品质了呢？如果说前辈吃苦耐劳的精神都是被逼无奈才具备的，那么我们年轻人则要主动吃苦，甘于吃苦，自觉吃苦。正如一首诗里所说的，宝剑锋从磨砺出，梅花香自苦寒来。我们唯有用吃苦来磨炼自身的意志，才能不断提升自己的抗打击和抗挫折能力，从而让自己不断成长和成熟起来。

常言道，穷人的孩子早当家。这句话告诉我们，穷苦人家的孩子因为从小吃苦，反而对生活有更深的感悟，也能够战胜生活的诸多磨难，坚持成长。与此同时，民间还有句俗话，叫作“富不过三代”。意思是说，在很多有权有势的人家，孩子从小娇生惯养，不懂得生活的疾苦，因而也许经过一代或者两代人之后就会把家产败光，导致家境没落。西方国家也有类似的话，曾经有心理专家说过，一个孩子如果童年生活得太幸福，那么长大成人之后往往不能获得幸福和成就。这句话其实和我国的民间俗语有着异曲同工之妙，也是告诉我们必须先苦后甜，人生才能有所建树。

对于现在的年轻人而言，能吃苦已经成为优秀的品质，能吃苦的年轻人往往能够战胜磨难，从而在人生的道路上走得更好，更平稳。人生不如意十之八九，没有任何人能保证自己的一生一帆风顺，实际上也没有人一生都是坦途没有坎坷的。所以明智的朋友往往吃苦在前，享乐在后，趁着年轻努力付出，为自己积累人生的资本，这样等到老了之后，人生才会顺遂如意。想想那些比我们更具天赋，而且也比我们更努力的人吧，我们还有什么理由放纵自己今朝有酒今朝醉呢？！

先苦后甜的人生，回味无穷

如果一个人从一出生就被泡在蜜罐里长大，那么他肯定不知道什么是苦，也因此他对于甜蜜的感知能力会下降很多，根本不知道自己有多幸福。如今，很多孩子正在面临这样的情况。因而为了提高孩子对幸福的感受能力，很多明智的父母会有意识地让孩子吃苦，遭受挫折，从而让孩子的内心更加强大，也感受到更多幸福。

有人说，唯有吃尽苦中苦，才能苦尽甘来，品尝到人生的甘甜，的确如此。很多朋友都喜欢吃新疆阿克苏的苹果，却不知道阿克苏的苹果之所以好吃，是因为新疆水分少，日照充足，而且昼夜温差大。实际上，新疆并不是适合植物生根发芽、开枝散叶和结果的地方，但正是这些恶劣的气候条件，才造就了阿克苏苹果独特的口感。同样的道理，一个人要想成长为参天大树，也要在野外恶劣的环境中接受锤炼，而不要始终被关在温室里，没有任何风吹雨淋，自然也就不可能茁壮成长。所以说，吃苦对于人生而言是一门学问。会吃苦，才能苦尽甘来，不会吃苦，只会导致苦海无边。

除了会吃苦之外，我们还要敢于吃苦。很多人一听到要吃苦，马上心惊胆战，甚至一味地逃避，而不愿意直面苦难。殊不知，命运尽管把握在我们自己手中，但是命运的很多安排我们依然逃不过去。如果人生注定要吃苦，那么我们不如先主动吃苦，从而先苦后甜。惧怕吃苦的人往往先享乐，而等到享乐之后，又不得不忍受漫长的苦楚。虽然整个过程中吃苦和享乐并没有整体的变化，但是因为次序的不同，导致人生的结果也是截然不同的。当然，有的时候命运的确很苦涩，让人觉得难以接受，甚至无法熬过去。殊不知，人生就像一颗话梅糖，最外层是酸涩，吃到里面就是清甜。凡事都有一个过程，吃苦也不可能是朝夕之间就结束的。我们每个人都要摆正心态，让自己保持心平气和，千万不要因为心浮气躁败给苦涩，这样也就没有机会等来清甜了。有些朋友还会觉得愤愤不平，觉得自己哪怕奋斗一辈子也未必能够达到那些运气好的人起点的高度。的确如此，人生向来不公平，除了以人格平等来安慰这些人之外，我们要做的就是不抱怨，把抱怨的时间都用来努力奋斗，也许效果会更好些。

东汉时期，年轻人孙敬勤奋好学，每天都大门不出、二门不迈地闭门读书。他每天天不亮就起床读书，夜深了，也不睡觉。因为学习太刻苦，孙敬常常感到疲惫和困倦，常常在半夜三更读书的时候不小心睡着了。这种情况发生过几次之后，为了保证学习，孙敬找到一根绳子，把自己的头发悬起来系在房梁上，这样一来，他一旦打盹儿头就会低下，而头发就会扯得他头皮生疼，他也就马上清醒过来，可以接着读书学习了。正是因为勤奋刻苦、坚韧不拔地学习，孙敬后来才成为大名鼎鼎的政治家，成就了自己的伟大事业。

战国时期，苏秦是大名鼎鼎的政治家。然而，苏秦年轻时读书很少，也没有名气，虽然他野心勃勃，志向远大，但是不管走到哪里都不受人重视。有一次，苏秦想去说服秦王重用他，却被秦王一番羞辱，因而回到家里闭门苦读。苏秦几乎每天都读书到深夜，他事先准备了一个锥子，每当感到困倦得睁不开眼睛时，他就会用锥子刺自己的大腿。突然袭来的剧烈疼痛使苏秦马上恢复清醒，继续捧起书本刻苦攻读。后来，苏秦担任六国国相，挂六国相印。

孙敬和苏秦的故事，被后人引申为成语“悬梁刺股”，用以形容人们在学习方面非常用功。现代社会，很多年轻人都贪图享乐，别说是主动吃苦与用功了，很多人哪怕被父母督促着，也不愿意多花费时间用于学习。而很多大学生一旦大学毕业，就觉得自己已经完成了学习，再也不把终身学习记在心上。殊不知，现代社会知识更新的速度非常快，有很多大学生才走出校园，他们所掌握的知识就已经过时了。因而哪怕走上工作岗位，年轻人也依然要坚持用功学习，才能做到与时俱进。

任何时候，年轻人都不要害怕吃苦，唯有把吃苦放在前面，享乐放在后面，年轻人才能不断进步，坚持提升自我。如果在该吃苦的年纪选择了逃避，不愿意面对吃苦的现状，那么等待着年轻人的必然是未来变得被动。记住，生命之所以厚重，是因为经历了苦难的洗礼。如果生命轻飘飘的，又何来分量呢？！如今的年轻人更要戒除急功近利的心态，才能踏踏实实迈步向前，也才能减轻自己的欲望，不被欲望冲昏头脑。换一个角度来看，我们也可以把吃苦作为人生的一个坎，只有迈过这个坎，人生才会更从容淡然，顺遂如意。

年轻不是逃避的借口

很多年轻人都把“年轻就是资本”挂在嘴边，以此来放纵自己不努力，尽情享乐。的确，不能否认年轻是一个人最大的资本，然而，有些人之所以一生碌碌无为，就是因为他们完全挥霍青春，而根本不愿意在年轻的时候趁着身强体壮、精力充沛，为自己的未来努力拼搏和奋斗。如果不曾努力过，那么年轻就会变得毫无价值，甚至成为一个人平庸和堕落的理由。所以年轻的朋友们，不要觉得生命是漫长的河流，可以缓缓地流淌或者纵情恣意地流淌。归根结底，生命的河流从来不会停止，一个人要想与时俱进，就要保持进步的态势，而要想抢占先机，就必须加快速度，从而把生命的节奏甩在后面。

一个人，不管是年轻还是年老，都不要以青春作为赌注。换言之，年轻人也要争分夺秒，而年老的人也不能因为垂垂暮年，就放弃努力拼搏。说到这里，也许有些年轻人会嗤之以鼻：年轻不就是用来享乐的吗？的确，生活要劳逸结合，享乐也并不意味着不能努力和奋斗。还有些老年人会说：我都已经这么老了，还能做什么呢？不得不提醒老年朋友们，不要把年轻理解得过于狭隘，还记得摩西奶奶76岁拿起画笔，开画展的事迹吗？也许大多数老年朋友都没有摩西奶奶的天赋，但是只要愿意努力，还是可以抓住青春的小尾巴再努一把力的。

只有怯懦的年轻人，才会以年轻为借口，逃避眼前的困难。也许如今你还年轻，不认可这样的结论，但是等到你突然发现青春不再时，你会深深地感慨：原来韶华易逝这句话从来不是空话，是有现实依据的。所以，年轻的朋友们，为了以后不留遗憾，就不要再犹豫不定，而要抓紧时间迈出成功的步伐，向着成功走出切实的一步。唯有真正开始，成功才从来不晚。

作为“90后”，李萌毫无疑问属于年轻一代。她是独生女，从小在父母的精心呵护与照顾下长大，衣食无忧，从来不为任何事情发愁。就这样从幼儿园到大学，李萌一路绿灯，也因为有爸爸的关照，她几乎从来不为自己的前途发愁。大学毕业后，在爸爸战友的帮助下，李萌进入一家人人羡慕的金融公司实习，未来也会留在金融公司工作。每次看到其他的实习生，李萌觉得有些为他们悲哀，因为他们还在为实习期后能留在公司奋斗呢，李萌却早就已经被公司内定了。

有一次，部门主管临时分派了一个紧急任务下来，交代李萌和其他实习生通力完成。忙到半夜，大家加班的成果被汇总之后交给了上司。李萌当时觉得自己的表格还没有检查，因而想再检查一遍，又看到同事都收拾东西准备下班了，她未免着急起来，因而简单浏览表格之后，就把表格交上去了。结果，3个月的实习期结束了，好几个实习生都得以留在公司工作，唯独没有李萌。李萌当即给远在老家的爸爸打电话，爸爸又把电话打到战友那里询问情况，这才知道李萌上次做的表格错误百出，虽然没给公司造成实质性的损失，但却给公司造成了很大的损害。为此，上司坚决不允许留下李萌。对此，爸爸觉得非常惋惜，而李萌却不以为然，她哪里知道这个机会是爸爸花费了很多心血才争取得到的呢？后来，李萌自己去其他公司应聘，但因为此前的错误已在业内传得沸沸扬扬，所以她接连面试了好几家公司也没有得到聘用。

也许工作的机会还可以再有，但是一旦对工作粗心大意、马马虎虎的名声被流传出去，在行业内再想有好的发展就很难了。所以明智的朋友知道，要像爱惜自己的眼睛一样爱惜自己的羽毛，维护好自己的声誉，这样才能为自己树立好名声，也帮助自己赢得更好的发展。

事例中的李萌只是因为偶然的失误，就导致自己找工作受到阻碍，可想而知，如果作为年轻人总是以年轻为借口逃避一切现实，那么归根结底，年轻人很难有好的发展，更难以得到他人的认可和肯定。

很多朋友还会说，年轻就不怕犯错误，因为有机会去改正。的确，没有人不犯错，但是我们犯错要犯有价值的错误，而不要因为自己年轻就对所有事情都漫不经心。很多时候，哪怕年轻，有些错误也是不能犯的，否则一失足成千古恨，如何还能弥补和挽回呢！一个人从呱呱坠地开始，要经历新生儿时期、婴儿时期、幼儿时期……青年时期、中年时期、老年时期、暮年时期……除了如同一张白纸一样的新生儿、婴儿和低龄幼儿可以在犯错的过程中不断成长，除此之外还有谁能够肆无忌惮地犯错呢！终有一天，年轻会距离我们越来越远，而成为我们心中不可回首的过去，再也不是我们肆意挥霍生命的理由和借口。所以朋友们，不要再以年轻人容易犯错误为由安慰自己，归根结底，我们要学会成长，接受成长，面对成长。

人人都曾经拥有年轻，然而走过青春岁月之后，每个人从岁月中得到的东西各不相同。有的人一事无成，懊悔自己没有抓住年轻的时光发展和提升自我，有的人收获颇丰，人生得到沉淀和丰富的经验，人生的资本也厚重了。不管最终的结果怎样，都怨不得命运，而是因为每个人对待年轻的态度不同，成功的人抓住年轻的机会成就自己，失败的人肆无忌惮地挥霍青春之后陷入无限的懊恼之中。人生有很多错误都是可以弥补的，唯独错过宝贵的青春时光是根本无法弥补的，因为时光从来不会倒流，人生更不可能重来。

珍珠，是历经苦难磨砺出来的

很多女性都喜欢温润的珍珠，尤其是自然形成的珍珠，更是色泽温润、光滑如玉。大自然也真的非常神奇，居然能把一粒沙子变成珍珠，这其中到底有着怎样的奥秘呢？原来，当沙子不小心进入河蚌体内后，河蚌就会用自己的体液养育沙子，渐渐地把沙子包裹起来，从而让沙子具备珍珠的雏形。对于河蚌而言，这当然是痛苦的，毕竟它要承受体内有异物的痛楚，也要日复一日、年复一年地包裹沙粒。然而，等到珍珠问世之后，河蚌一定会为自己曾经艰难而又持久的付出感动。正所谓台上一分钟，台下十年功，对于河蚌而言，漫长的孕育才成就了这样的奇迹。从河蚌孕育珍珠的经历我们不难得出一个结论，要想孕育珍珠首先要经历痛苦，才能让珍珠浑然天成。我们每个人又何尝不是一只河蚌呢？我们想孕育出属于自己的珍珠，又不知道如何做才能真正做好。其实，只要坚持下去，时间会给予我们圆满的答案。

现实生活中，很多人都梦想着自己能够出类拔萃，殊不知，成功从来不是一蹴而就的。一个人唯有忍受生命中漫长的寂寞，也始终能够安守平静的生活和工作，才能日积月累，最终把一切都做到最好。尤其是那些有特殊成就的伟大人物，更是比常人忍受了更多的痛苦，也遭受了更多的磨难。人人都知道，和一粒沙子相比，一颗珍珠显然是更加珍贵的。有的珍珠孕育了数年，非常大而圆润，甚至价值连城，谁还能想到它曾经是一颗沙粒呢？然而，要想有所成就，成为众人瞩目的焦点，沙子要忍受漫长的黑暗，河蚌要忍受长久的不适，而人则要拥有坚毅顽强的品质，始终坚持下去，才能成就自我。

很多朋友都渴望获得成功，也希望自己的人生与众不同。尤其是很多年轻人，总是好高骛远，恨不得在最短的时间内与成功结缘，他们却不知道成功要经历痛苦的孕育，尤其要经历长期的奋斗和拼搏。这就像是人出生的过程，其实自然界里的很多规律都是共通的，如果不经历分娩的镇痛，一个新生命如何平安地降临人世呢？成功也像是一次新生，也需要经历分娩的阵痛，才能瓜熟蒂落。

《哈利·波特》的作者乔安娜绝不是一个人生一帆风顺的女人。乔安娜从小就有丰富的想象力，虽然看起来相貌平平、貌不惊人，但是她脑子里的大胆想象常常使人倍感惊讶。从大学时期，乔安娜就开始记在自己的奇思妙想，构建自己的童话世界。有段时间，有个男孩被她想象成“白马王子”，他们因此而坠入爱河。然而，渐渐地，男孩越来越受不了乔安娜脑海中的离奇想法，甚至在约会的时候，乔安娜都会把自己脑海中突然迸发出来的童话故事讲给男孩听。最终，男孩不愿意继续陪伴在天马行空的乔安娜身边，向她提出了分手。

失恋之后，乔安娜虽然为逝去的恋情感到惋惜，但是她从未动摇过自己的童话梦想。25岁那年，乔安娜来到葡萄牙当英语老师，与一位年轻的记者彼此爱慕，最终结为夫妻。但是，年轻的记者在新鲜过后，同样不能忍受乔安娜的奇怪想象，他开始与其他女人玩暧昧，并且在女儿诞生之后与乔安娜离了婚。此后，乔安娜带着女儿一起生活，此时她又失去工作，不得不落魄潦倒地回到家乡艰难度日。女儿是乔安娜最忠实的听众，每次写出好的童话，乔安娜都会第一时间读给女儿听。也许命运垂怜乔安娜前半生太过坎坷波折，有一天，乔安娜乘坐地铁的时候，脑海中突然蹦出了哈利·波特的形象。丰富的生活经验和四处奔波的人生阅历，让乔安娜下笔如有神，很快就完成了对《哈利·波特》的创作。从此之后，乔安娜的人生变得截然不同。

在《哈利·波特》问世之前，显而易见，乔安娜的人生一波三折，她超人的想象力，也使得她变得很另类，甚至连爱她的人都不能容忍。在经历了一次失恋与一次离婚之后，乔安娜始终坚持初心，坚持自己对童话的热爱，也竭尽所能创造童话。正因为如此，风靡全球的《哈利·波特》才彻底改变了乔安娜的命运，让乔安娜的人生掀开了新的篇章。

古人曾说，一个人要想有大的成就，必须经历一番艰难困苦。的确，对于每个人的人生而言，也许可以没有赞美，但是不能没有批评；也许可以没有快乐，但是不能不遭遇坎坷挫折。所有的痛苦和磨难，都是人生中不可多得的养分，也是人生的一根根坚固无比的支柱。当然，这样的道理说起来简单容易，要想真正做到，却是比较困难的。在物质的诱惑面前，在利益的驱使下，尤其是现代社会这么浮躁，人人都急功近利，恨不得朝夕之间就收获成功，又有多少人能坚持初心，坚持付出和努力呢？

曾经有心理学家说，人与人之间先天的条件其实相差无几，而人们之所以在后天发展迥异，就是因为他们在后天努力的程度完全不同。有些人把青春用来挥霍，结果一生之中一事无成，等到醒悟的时候却已经悔之晚矣。有些人抓住宝贵的青春年华努力奋斗，哪怕命运多舛，也从不放弃努力，更不会轻易退缩。其实，人生需要的正是知难而上的精神。唯有走过风雨泥泞，走过人生坎坷，我们才能孕育出美丽的珍珠，从此让自己的人生变得璀璨夺目！

承受磨难，才能成长为最优秀的人

人人都希望自己变得优秀，获得众人瞩目，让自己的人生拥有荣耀，与众不同。殊不知，一个人并不能轻易就会变得优秀，而要经历各种磨难，才能渐渐地打磨自己具备优秀的雏形，在此之后再坚持努力，从而让人生变得卓尔不群。所以一个人要想出类拔萃，必须付出比常人更多的辛苦和努力，才能承受磨难，把一切都做到最好，把自己的能力发挥到极致。

细心的朋友会发现，古今中外，大凡优秀的人都经历了很多磨难。诸如美国前总统林肯，在一生之中进行了数次竞选，除了最后一次成功当选总统之外，此前只有一次竞选成功，其余的不管是竞选还是做生意，全都失败了。就连他最爱的未婚妻，也因为患病离开人世。不得不说，林肯是命运多舛的，然而他对命运从不屈服，越挫越勇，最终战胜厄运，赢得了人生的好收成，成为美国历史上最受爱戴的总统之一。由此可见，不管是对于伟大的人物来说，还是对于普通老百姓而言，磨难都是人生中必不可少的。一个人如果不经历磨难，就无法成长，一个社会如果从未经历磨难，就无法进步。可以说，整个人类的发展史，就是一部不断战胜磨难的历史。正是在与磨难做斗争的过程中，人们才变得越来越聪明，越来越坚强，也最终能够成功地突破自身的囚牢和局限，从而让人生生出翅膀，展翅翱翔。

美国前副总统威尔逊出身贫苦，他从呱呱坠地开始，就过着贫穷的生活。至今，威尔逊还记得当年幼的自己向母亲讨要一片面包果腹时，母亲却两手空空，满怀愧疚地看着他。迫于生计，威尔逊无法享受完整的童年，从10岁开始，他就离开家去当学徒工。每年，他都要辛苦劳作11个月，然后用仅剩的一个月时间去学校里读书学习。就这样，威尔逊整整辛苦工作了11年。对于人生而言，11年意味着什么呢？然而，威尔逊的11年只换来了6只绵羊和1头牛。后来，威尔逊卖掉自己11年的所得，拥有了84美元。对于威尔逊而言，这无疑是一笔巨款。说来也许很多人都不敢相信，威尔逊直到21岁时，从未花费任何一美分用于娱乐或者休闲。他精打细算，恨不得把每一美分都掰成两半去用。

在21岁生日之后，威尔逊带领工人去深山里伐木。每天，他天不亮就起床，一直到满天繁星才停止工作。这样努力辛苦、全力以赴地工作一个月，威尔逊只能得到6美元的薪酬。

为了改变现状，威尔逊决定抓住一切机会扼住命运的咽喉。他每天都争分夺秒地读书，在辛苦工作之余绝不浪费一分一秒。古人云，读万卷书，行万里路。大量的阅读让威尔逊虽然没有接受系统的教育，但是却开阔了眼界。此后，威尔逊经常发表演讲，渐渐地拥有了名气，最终进入国会当选副总统，可以说这一切都是他饱经磨难依然坚持努力付出的结果。

有的人总是知难而退，一旦遇到小小的挫折和磨难，马上就怨声载道，根本无法做到越挫越勇。有的人面对困难，始终坚持迎难而上，因为他们很清楚，困难就像是一座看似无法逾越的高山，最终会被自己踩在脚下。一个人可以没有显赫的家世，可以没有渊博的知识，但是一定要有遭遇磨难的经历。磨难可以锤炼一个人的意志，也可以帮助一个人成功地扼住命运的咽喉，改变现状。唯有如此，这个人才会更加从容坦然，也才能百折不挠，对人生兵来将挡，水来土掩。

尤其作为年轻人，更应该感谢磨难。既然人生注定不能一帆风顺，那么我们为何不从磨难中崛起，获得成长和进步呢？对于弱者而言，磨难是无法逾越的天堑鸿沟，对于强者而言，磨难只是一次自我重生的机会，是人生不断向上攀登的垫脚石。现实生活中，很多人吹嘘自己的爸爸官职多么大，自己的妈妈多么有钱，自己的爱人是个富二代，却完全忽略了人生中最值得他们吹嘘的是磨难。常言道，不经历无以成经验。对于每个人而言，一切他人的经验都只能借鉴，唯有自己亲身经历的，才能变成真正属于自己的经验，才能对自己的人生起到指点和提携的作用。磨难就像一把“双刃剑”，每个朋友要想成为出类拔萃的人，就要勇敢面对磨难，真正接纳磨难。

很多女人都不愿意经历磨难，因为磨难会使人容颜苍老。女性朋友们需要注意的是，这个世界上根本没有所谓的不老女神，所以哪怕保养再好，容颜也会日渐苍老。而女性的魅力，是由内而外散发出来的，所以聪明的女性更注重修炼和提升自己的魅力，而不是一味地保养。磨难，恰恰让女性的魅力如同珍珠一样温润，而又散发出耀目的光芒。当然，并非所有的人生都能在磨难的孕育中成为珍珠，唯有怀着一颗坚毅勇敢的心，唯有哪怕饱经磨难也不忘初心，我们才能在人生之中寻找到更多的契机，创造生命的奇迹。

第3章

爱拼才会赢，苦过的人生更有价值

绝大多数成功者并没有显赫的家世，也没有过人的才能，他们之所以能够成功，就是因为敢于拼搏。命运是无常的，勇敢者总是能扼住命运的咽喉，掌控命运的节奏，而怯懦的人，则前怕狼后怕虎，导致人生总是顾虑重重，即使有好机会，也会被这样的顾虑错失。

敢于去做，人生才能奋勇拼搏

最近重温了《亮剑》，不由得为李幼斌扮演的李云龙深深折服。作为一个大字不识的穷苦孩子，他未免有些粗鲁，满口粗话和脏话，性格也非常暴躁，自以为是，然而，正是这样的他，一次又一次在战场上创造奇迹，带领“小米加步枪”的部队，战胜武器精良、人数众多的日军。不得不说，他之所以能创造奇迹，就是凭着“狭路相逢勇者胜”的亮剑精神。

如今，我们都生活在和平年代，生活富足，不需要再顶着枪林弹雨，把脑袋拴在裤腰带上浴血沙场。然而，不管时代如何演变，亮剑的精神不应该改变。对于任何人来说，要想获得成功，就要努力拼搏，哪怕死在敌人的剑下，也决不能退缩。相比之下，那些一旦遇到小小的困难和障碍就退缩的人，连开始都没有勇气，又谈何成功呢？

常言道，人生能有几回搏，此时不搏何时搏。的确，虽然人生很漫长，但是人生也很短暂。尤其是在紧要关头，不管是机遇还是机会，都是转瞬即逝的。真正的勇敢者善于抓住人生中转瞬即逝的时机，绝不畏缩和怯懦，而是一路高歌，奔赴人生的目的地。我们不是李云龙，但是我们也不能当弱者，宁愿在战斗中虽败犹荣，也不能为了保全自己而一味地退缩。李云龙是战场上的狠角色，他是时势造出来的英雄，我们也要在人生中崛起，成为顶天立地的人。

容国团出身于中国香港的一个穷困家庭，从小就过着清贫的生活。他很喜欢打乒乓球，15岁那年，因为机缘巧合，他得以参加香港乒乓球锦标赛，并且一举夺魁。从此，他在乒乓球的道路上越走越远，也获得了优秀的成绩。1956年，容国团打败了日本的乒乓球选手狄村，从此之后名声大噪，并且于次年进入广州体育学院学习乒乓球，成为专业的乒乓球运动员。

在那个时候，中国人被称为“东亚病夫”的厄运还没有结束，西方国家大力封锁中国的体育运动发展，根本不愿意认可中国的体育成绩。在这种情况下，容国团在参加广州体委的一次大会时，当众发誓要在3年内夺取世界冠军。

1958年，容国团成为广东省乒乓球队的正式一员，并且于次年就参加了第25届世界乒乓球锦标赛，获得了男子单打世界冠军。至此，容国团实现了他的豪言壮语和雄心壮志，为中国赢得了第一个世界冠军。很快，中国沸腾了，各级媒体对于容国团为国争光的伟大事迹都争相报道。至此，容国团并不感到满足，他知道在赢得世界冠军的道路上，他还有很长的路要走。1961年，第26届乒乓赛在北京顺利举行，容国团带领团队赢得了男子世界团体冠军，打破了中国从未取得男子世界团体冠军的纪录，再次为国家和人民争光添彩，也让中国体育从此扬眉吐气。

如果不具备勇于拼搏的精神，容国团如何能够为祖国争得荣誉和奖牌呢！从容国团“口出狂言”的那一刻，我们不难看到他的精神和勇气，也对于他的努力奋斗感到由衷的敬佩。无数的事实告诉我们，年轻人要想实现梦想，出人头地，就必须努力、勇敢地拼搏，从而为自己的人生打造奇迹。

遗憾的是，如今的很多年轻人从小娇生惯养，已经渐渐习惯了不管有什么事情都依赖父母，而根本不愿意独自承担。所以说，对年轻人而言，最缺少的是积极奋进的精神和努力拼搏的勇气，而不是所谓的天赋、机遇等。细心的朋友会发现，古今中外，大凡有所成就的人，无一不是具有勇气的强者。他们甚至命运多舛，比普通人经历了更多的艰难坎坷，而他们之所以最终能够崛起，就是因为他们从不畏缩，也在困难和挫折面前坚持不懈。所以朋友们，不要再抱怨命运不公，也不要觉得自己生不逢时。一个人如果真的是强者，真的有勇气，即使客观的条件非常艰苦，他们也同样能够凤凰涅槃，浴火重生。这就像温室里的花朵和露天地里的野草一样，温室里的花朵看似娇艳欲滴，色彩绚烂，但是一旦离开温室，它们根本无法适应户外的恶劣气候，最终被风摧残，变得七零八落。而露天地里的野草一直在自然气候恶劣的荒郊野外长大，不是被风吹，就是被雨淋，甚至还会被野火烧尽，或者被大石头压在底下。但是它们有着顽强的毅力和惊天动地的勇气，不管经历了什么，只要一息尚存，它们马上又会振奋精神，努力地生长，再次露出一抹新绿，也彻底扭转命运，获得新的生机。朋友们，你们要成为“野火烧不尽，春风吹又生”的野草，还是成为温室里的花朵，经不起任何风吹雨打呢？相信聪明的朋友一定会做出正确的选择，从而把握命运，掌控人生！

发散性思维，让思维腾飞

很多年轻人之所以在工作中表现平庸，不是因为他们不够努力，而是因为他们的思维受到禁锢，因而无法做到及时创新。现代职场上，不缺少埋头苦干的人，而缺少具有创新能力的人。尤其是很多行业都与思维创新密切相关，诸如广告策划公司、图书公司等，都需要从业者进行大量的脑力劳动，从而推陈出新，也让广告策划更有创意，让图书做出来使人耳目一新。这些需要思维创新的行业，一旦从业人员思维僵化，因循守旧，那么整个公司的战斗力都会大幅下降，导致公司的水平也急速降低。

尤其是很多企业不断地吸纳新人，就是为了给公司发展注入新鲜的血液。因而对于年轻人而言，创新是比经验更重要的。有的时候，创新还要打破经验的束缚，尽情地发挥呢！所以很多老板和上司都喜欢有创新能力的员工，也对他们寄予厚望，希望他们能够为公司带来新风尚、新面貌。从这个意义上说，年轻人如果能够形成发散性思维，养成坚持创新的好习惯，那么他们的职业生涯一定会得到更好的发展。

提起创新，很多人都会觉得特别难，他们把自己无法坚持创新的原因归结于环境，或者说自己没有得到产生灵感的刺激。实际上，创新的本质就是彻底废除旧有的思维，从而突破常规思维的禁锢，然后再建立全新的思维，拥有独特的视角。简而言之，创新就是以创造性思维想出截然不同的方法，开拓性地解决问题。其实对于创新而言，最难的就是打破思维的枷锁。众所周知，人都是有惯性思维的。很多时候，人们一遇到常见的问题，就会理所当然地运用惯性思维思考问题，而从未想到惯性思维是横亘在我们思路上的障碍。所以在创新的过程中，无知并不可怕，最可怕的是那些已经掌握的知识和经验，反而成为我们的最大禁锢。

当然，要想最大限度地发挥创造性思维，还要注意不要在问题出现之初，就暗示自己没有能力解决问题。现实生活中，很多朋友都把"我不行""我做不到"这样消极负面的话挂在嘴边，最终导致还没有想出任何办法呢，就想把自己全盘否定了。明智的朋友会告诉自己"我能行""我一定会想出办法的"，唯有在这样积极的心理暗示下，思维才会更加活跃，思维的效果也才会更加显著。常言道，处处留心皆学问，在现实生活中，有心之人总能找到创新的办法，让自己的生活和工作都事半功倍。

作为狮王牙刷公司的一名基层员工，加藤信三因为工作忙碌，经常加班到很晚才回家。有的时候，因为困倦，他早晨起得迟了，就要匆匆忙忙洗漱，然后赶往公司。加藤信三一直使用本公司生产的狮王牙刷，然而他发现一旦因为着急用力过大，牙刷就会刺破牙龈，导致牙龈出血。为此，加藤信三觉得很苦恼，他认为自己就在牙刷公司工作，怎么能允许这个问题反复出现呢？

有一天早晨，加藤信三又不小心刺破了牙龈，因而带着火气赶往公司，当即和几个同事讨论改进牙刷的问题。他们集思广益，各抒己见，想出了很多办法。经过一番比较和综合考量后，加藤信三终于确定了导致牙龈出血的原因是尖锐的刷毛。原来，此前生产牙刷的过程中，都是用机器切割刷毛的，所以刷毛的顶部非常尖锐，也十分锋利。加藤信三决定改变切割刷毛的方式，从而使刷毛的顶部变成圆角，这样一来，刷毛就不会刺破人们的牙龈了。

在经过反复试验和论证之后，加藤信三把这个合理建议向公司正式提出，得到了公司管理层的一致通过。后来，狮王牙刷公司所有牙刷的刷毛率先改成圆角，这让狮王牙刷大受欢迎，市场份额大大提高，也抢占了市场。随着不断带领公司创新，加藤信三的职业前景一片光明，后来他成为狮王牙刷公司的董事长，带领狮王牙刷公司不断发展壮大。

相信很多人刷牙时，都曾经因为尖锐的刷毛刺破牙龈导致出血，这些人之中在牙刷厂工作的也一定不在少数。然而，只有加藤信三意识到问题的所在，而且当机立断改善问题。他这个原本看似漫不经心的发现，最终彻底改变了狮王牙刷公司的发展轨迹，让狮王牙刷公司真正崛起，成为牙刷行业的龙头老大。不得不说，加藤信三不但解决了自己刷牙时牙龈被刺破的问题，更是为公司做出了巨大的贡献，他的职业发展前景一片光明也就理所当然了。

生活中，处处留心皆学问。一个人如果始终拥有开创性思维，坚持创新，那么他就能发现生活中存在很多不为人注意的点点滴滴，甚至有伟大的发明和创造呢。不管是对于个人而言，还是对于民族和国家而言，创新的能力都是至关重要的。如今，很多职场人士数十年如一日如同老黄牛一样埋头苦干，但很难在工作上卓有成效。如果把勤奋加上创新的思维，变成源源不断的创造力，那么工作就会事半功倍，也会取得突破性的进展。

人生需要抓住机会奋力一搏

现实生活中，常常听到人们羡慕那些突然间交了好运气的人，并且形容他们是走了“狗屎运”。不得不说，这样粗鄙的描述里带着一丝丝的嫉妒和眼红。其实，天上是不会掉馅饼的，也没有人能轻而易举获得成功，通常情况下我们看到的突然交了好运的人，实际上是他们抓住了机会，因而奋力拼搏，才占据了天时地利人和，看似轻而易举就获得了成功。

大家都知道，只有有准备的人才能抓住机会。这是因为很多机会转瞬即逝，有些好机会还可遇而不可求。既然如此，每个人当然都要做好准备，随时随地抓住好机会，才能让人生多一些成功的可能性。遗憾的是，并非所有人都能抓住机会，很多人在看到机会到来时，总是瞻前顾后，思虑重重，最终导致眼睁睁地看着机会从眼前溜走，最终追悔莫及。

人们常说“假如我当时……”“如果我曾经……”这样的话，殊不知，时光从来不会倒流，很多机会一旦错过再也找不回，这样的话除了让自己徒增烦恼之外，没有任何作用。与其为了曾经错失的机会懊恼，不如反思自己，从而让自己做足准备，更好地面对未来的机会。正如人们常说的，人生有三天，即昨天、今天和明天。昨天已经过去，成为不可更改的历史，哪怕有再多的遗憾也无法弥补。今天正在当下，唯有把握住今天，我们才能为自己创造新的充实的昨天，也为自己拥有美好的明天奠定基础。因而人们常说活在当下，面对机会，我们也要认识到机会就在当下这一刻，绝不要迟疑不定，导致错失良机。

1973年，柯莱特成为美国哈佛大学的一名学生。上课时，柯莱特经常和一位美国小伙子坐在一起。这位小伙子18岁了，和柯莱特一样是哈佛大学的新生。然而，一年之后，小伙子突然提议柯莱特和他一起退学，集中力量开发Bit财务软件。听到小伙子的建议，柯莱特惊讶不已：要知道，几乎全世界的学子都梦想着考入哈佛大学，为何这个小伙子才读大学二年级，就要退学了呢？就算要研究Bit财务软件，只知道皮毛的他们也显然不能胜任，而要等到毕业之后才能大干一场啊！柯莱特坚决认为只有学完大学课程，才可能从事32Bit财务软件的开发，因而他几乎不假思索地当即拒绝了小伙子的真诚邀请，还极力劝说小伙子不要退学。

10年，弹指一挥间，柯莱特已经开始攻读哈佛大学计算机系Bit软件的博士学位，与此同时，退学的小伙子登榜美国《福布斯》杂志的富豪排行榜。后来，柯莱特成功取得博士学位，而退学小伙子的财产已仅次于巴菲特，位居美国富豪排行榜的第二。1995年，柯莱特觉得自己终于做好准备，有足够的知识储备和能力研究和开发32Bit财务软件了，但是那个小伙子已经成功开发出比Bit快1500倍的EIP财务软件系统。这个系统一经上市，就在世界范围内引起巨大反响，也使得这个小伙子成为全球首富。这个退学的小伙子，就是如今举世闻名的比尔·盖茨。而柯莱特因为没有抓住机会，永远错过了与比尔·盖茨比肩而立的机会。

显而易见，柯莱特认为只有在打好基础知识的前提下，才能在事业上有所创新。然而，很多时候千载难逢的好机会就在眼前，如果一味地迂腐下去，等待知识储备充足，那么就再也追赶不上扬长而去的机会了。学习，如今已经成为人生的常态，对于自己的不足，我们完全可以边创造边学习，终身学习。假如当初比尔·盖茨也和柯莱特一样等到取得哈佛博士学位后再创业，那么也就彻底与世界财富排行榜的第一名绝缘了。

很多人之所以获得成功，并非因为他们天赋异禀，也不是因为他们能够得到额外的帮助，而是因为他们能够抓住一切机会奋力拼搏，最终做出让自己都惊讶万分的成就。当然，要想抓住机会，我们首先要提高对机会的敏感度。很多人在面对好机会的时候，根本意识不到机会的可贵，而等到机会悄然溜走，彻底失去之后，又感到追悔莫及。还有些人对于机会总是很迟钝，甚至到若干年后，才意识到自己曾经错过了一个千载难逢的好机会，这也是对于机会准备不充分的表现。所以每一个年轻人都要擦亮眼睛，努力辨识机会，也竭尽全力地抓住机会。

对于没有准备的人而言，哪怕瞪大眼睛，也看不到机会，又或者就算看到了机会，也因为准备不充分只能看着机会悄悄溜走。而对于有所准备的智者而言，生活和工作中到处都充满了机会，所以他们从来不会因为缺少机会而苦恼。他们会练就火眼金睛，为自己找寻到更好的机会，并努力地发展自己。瞅准了机会，犹豫不决也是要不得的，真正的聪明人能够把握“稳准狠”的诀窍，看准机会出击，绝没有片刻犹豫。实际上，对于大多数人而言，机会是平等的。既然如此，朋友们，在错失良机的时候，就不要抱怨命运不公，或者埋怨他人，而要意识到自身的迟钝和不足，从而及时反省自己，提升自己，以便下一次机会到来时能果断抓住。

内心强大的人不会向困难屈服

对于弱者而言，难题是天堑鸿沟，很难逾越。实际上，问题的难度一部分取决于问题本身，另一部分取决于解决问题的人是否拥有强大的内心。对于强者而言，难题只是一个小小的障碍，办法总是比难题更多，而难题也最终会得以圆满解决。

很多年轻人走出校园之后，总觉得自己毕业于名牌大学，学历高，能力超群，因而始终自视甚高。实际上，现代职场并不缺少所谓的高学历者，而是缺少那些能够脚踏实地工作、遇到困难绝不退缩、积极想办法解决问题的人。这样的人，不管是在古代社会还是现代社会，也不管是在中国还是在西方国家，都是非常稀缺的，都是值得赞许的。他们从不畏惧困难，相反具有迎难而上的勇气。他们知道逃避不能解决问题，最终还是要靠切实有效的办法。他们始终都在开动脑筋思考各种各样的问题，因而他们从来不缺少机会，机会都是主动来到他们面前的。对于大多数人，可遇而不可求的机会对他们而言能轻而易举地得到，可想而知在现在这个知识和信息大爆炸的时代，他们抢占了多少先机。

很多年轻的朋友都为自己人在职场不能出人头地而发愁，其实，正如毛遂自荐时说的，“吾乃囊中之锥，未曾露锋芒，今日得出囊中，方能脱颖而出”。所以不要再为自己的默默无闻而苦恼，你所需要做的就是在面对困境时鼓起勇气，表现出你的不凡。

实际上，很多人之所以面对困难束手无策，并非因为他们能力有限，也不是因为他们思维僵化，而是因为他们先入为主地判定自己不可能找出解决问题的办法。这样一来，他们怎么可能绞尽脑汁、寻求解决问题的办法呢？日久天长，他们自然变得越来越被动，根本无法成功地战胜困难。假如每个人在面对困难时，首先不要告诉自己“我不知道该怎么办”，而是告诉自己“我一定能想出解决问题的办法”，那么渐渐地，他们的脑袋越用越聪明，自然也就没有什么难题能够难倒他们了。细心的朋友会发现，在我们的身边，总是把“我不行”“我不知道”等挂在嘴边的人不在少数，这也直接导致如今的职场变得很颓废，很少有人愿意主动解决问题。正所谓天无绝人之路，朋友们，只要我们始终如同聪明的一休一样努力开动脑筋，一定会有惊喜的发现和收获。

在整个销售类培训机构中，美国布鲁金斯学会都是首屈一指的，有很多世界顶级的推销员都是从这个学校毕业的。一直以来，布鲁金斯学会都有一个特别的传统，那就是学校会在学员毕业时，为每一位学员送上特殊的大礼，即给学员出一道推销的难题，目的看似是刁难学员，实际上是在提升学员的推销能力。

有一届学员毕业时，推销的题目特别难：卖给布什总统一把小小的斧头。一看到这个题目，大多数学员马上就“缴械投降”了，认为自己根本不可能完成这个推销任务，因为他们无论如何也说服不了自己，从心底里觉得布什总统根本不需要一把小小的斧头。正是出于这样的心态，很多学员都放弃了这道毕业难题，有的学员甚至断言根本没有任何学员能完成这个推销任务。

在这种情况下，乔治一直在努力地想办法，看看应该从哪里找到布什总统的心理突破口，从而打破布什总统的心理防线。当然，考虑到布什总统会有很多不同的反应，乔治还做了好几个预案。在经过一番深思熟虑之后，乔治写信给布什总统：“亲爱的布什总统，由于我幸运地进入您的农场参观，发现您的农场里有很多树都枝繁叶茂，但是也有一些树的树枝干枯了。我觉得如果您有一把小小斧头，就可以亲手为这些树修剪枝叶，它们也一定会长得更茁壮。如果您觉得我的建议不错，请您回信给我，相信我会为您提供一把这个世界上最锋利的小小斧头。”最终，乔治果然成功卖给布什总统一把小小的斧头。

实际上，乔治虽然为向布什总统推销做了很多预案，也设想了布什总统对于他的推销会有怎样不同的反应，但是最终一切都进展顺利。不得不说，把小小的斧头卖给总统其实也没有什么难的，难的是推销员能够迈过自己内心的那道坎，让自己真正迈出向总统推销的第一步。其实，乔治之所以取胜不在于他有多么高超的推销技巧，而在于他的勇敢和决心。

美国的企业界中有一句话始终被职场人士奉为经典，也是很多职场人士用以指导自身工作的首要原则——上帝从不青睐只知道埋头苦干的人，而喜欢那些掌握了方法、事半功倍的人。看完这句话，我们不由得想起如今职场的现状，有些职场人士当一天和尚撞一天钟，有些职场人士对待工作勤奋认真却不得法，而有些职场人士虽然有点儿小聪明，却总是用不对地方。显而易见，这三种人在职场上都是不受欢迎的，唯有把这三种人综合起来，才能成就最完美的职场人。当然，金无足赤，人无完人，没有人能把工作做得面面俱到，毫无疏漏。所以朋友们，我们要端正心态，一则要勤奋刻苦，二则要多多开动脑筋，找到工作的方法和技巧，这样我们的努力就会起到双倍甚至多倍的效果，也让我们的职业生涯发展更加顺利。

朋友们，从现在开始，不要再当埋头苦干的老黄牛了。随着时代的发展，付出多少已经不是衡量一个人工作表现的唯一标准，在付出之后卓有成效、有收获，付出才更有意义。尤其是在职场上，老板和上司衡量员工的标准，不仅仅看重工作的过程，更看重工作的结果，所以职场人士一定要擦亮眼睛，找到应对工作的最佳之路。

用心加勤奋，巧干才有高效率

很多人对于拼搏存在着很大的误解，总觉得拼搏就是使出“洪荒之力”，也绝不后悔和懊恼。实际上，肯吃苦、爱拼搏并非蛮干的意思，而是要多多动脑筋，才能在做事情的时候事半功倍，不至于事倍功半。

一个人如果没有掌握方法，而是一味地埋头苦干，那么最终也只是做很多无用功。相反，一个人如果掌握了方法和技巧，不但勤奋，而且用心，那么就能够提高效率，让做事情效果显著。细心的父母会发现，有的孩子哪怕在学习上使出十二分的力气，成绩也总是不上不下，而有的孩子哪怕在学习上只用了七八分力气，也会轻轻松松拿到好成绩。这到底是为什么呢？难道是孩子天赋上的差距吗？其实不然。孩子天赋不同，自然会导致他们的学习表现不同，然而大多数孩子在天赋方面都相差无几，之所以学习成绩迥异，是因为每个孩子用心的程度不一样。大多数学习效率高的孩子，都已经掌握了学习方法，找到了学习的窍门，如上课一定要认真听讲，课后要做到复习和预习。相反，那些学习效率低下的孩子，如果在课前没有预习，课后没有复习，就会直接导致他们上课的时候根本听不懂老师讲课，课后完成作业也变得难度很大。如此一来，孩子在学习上就会陷入恶性循环，导致问题不断堆积，最终无法解决。

实际上，年轻人在生活和工作中也面临同样的窘态。如今，很多年轻人都好高骛远，恨不得立刻获得成功，但是没有坚实深厚的基础，发展缓慢，后劲乏力，很难获得真正的成功。基于这样的现状，年轻人不但要勤奋，更要多多用心，这样才能提高工作效率，也才能最终赢得实实在在的未来。

尤其是在职场上，很多上司都欣赏踏实肯干而且效率高的下属，这是因为上司不仅要求工作的过程，更要求得到令人满意的结果。作为年轻人，我们如今虽然正处于职场的底层，做着最基本的工作，但不妨设想一下：假如上司把同样的工作交给两个人，一个人一天就完成了，而且做得很好，而另一个人三天也没做好，那么上司会更欣赏谁呢？毫无疑问，当然是前者。所以作为年轻人，我们在工作中都要争取表现出优质高效的工作作风，以得到上司的赏识和认可。

小张和小王都是公司的实习生，他们之中只能有一个人留下。转眼之间，他们来公司已经两个多月了，再有半个月，实习期就结束了，上司觉得他们工作能力不相上下，学历也相差无几，因而对于他们的去留问题非常为难。

为了考核小张和小王，老板决定交给他们一个任务。周一开完例会之后，老板让小张和小王留下，并且分派给他们一个艰巨的任务。原来，中秋节就快到了，老板要给客户送礼，礼物就是阳澄湖大闸蟹。但是因为市面上阳澄湖大闸蟹多种多样，规格不同，价格也相差悬殊，所以老板让小张和小王分别去城东和城西的市场进行调查。小张和小王得到老板重用，都非常激动，当即领命而去。才一个多小时，小王就气喘吁吁地回来向老板报告："老板，大闸蟹有160元一斤的，也有220元一斤的，还有280元一斤的。"老板问："这些价格的大闸蟹分别都是什么规格的呢？"小王一拍脑袋，说："哎呀，我忘记记规格了。您稍等一下，我马上就去问。"一个多小时后，小王又回来了："分别是二两的、三两的和三两半以上的。"老板又问："有礼盒包装吗？如果买得多，能优惠吗？"小王瞠目结舌地看着老板，根本没想到老板还会提出这样的问题。这时，小王又想去市场继续调查，老板制止了他："先等等吧，时间都被你扔在路上了。等到小张回来，听听他怎么说。"老板话音刚落，小张就拿着笔记本走进了办公室。他向老板汇报："老板，市面上的大闸蟹大概分为三种规格，一种二两的，保价在160元左右一斤，如果买得多，每斤可以便宜20元。中等规格的大概三两，220元一斤，如果买得多，每斤可以便宜15元。高规格的在三两半以上，280元一斤，如果买得多，每斤可以便宜10元。大闸蟹越大，便宜的幅度越小。而且，有几家大闸蟹都可以提供礼盒包装，礼盒分为10元一个的和20元一个的。我觉得，如果买小规格的，我可以和他们谈谈免费包装。如果买中高规格的，我们可以和他们谈谈，每个礼盒15元。我个人建议用20元一个的包装，这种包装看起来比10元一个的不仅大，而且很显档次。不过如果用小规格的大闸蟹，就没有必要用这么好的包装了。对了，我联系了几家，分别留了它们的电话。如果我们需要的量在100斤以上，他们需要提前一天备货。"听完小张的汇报，老板频频点头，对小王说：“小王，你觉得小张的工作完成得怎么样？再评价评价你自己吧。”

毫无疑问，不管是谁当老板，都会更喜欢小张的工作方式，而不希望小王整个上午不停地奔波，最终却只得到很少的有效信息。现代职场上，很多年轻人工作都非常被动，能主动发挥自身主观能动性的年轻人少之又少。实际上，只要我们对工作再多用点儿心，那么我们就能够把工作做得风生水起，也更能得到老板的认可和赏识。老板这个考验的方式不但了解了小张和小王的真实水平，而且也解决了他们上司犹豫不定、无法及时做出选择的难题。

人在职场，一味地埋头苦干已经行不通了，因为上司和老板希望看到的不是毫无用处的用功，而是卓有成效的工作成果。从这个角度而言，所谓的老黄牛在现代职场显然行不通了，与其一味蛮干，不如多用心，把事情做得风生水起。当然，要想提高效率，首先要认清楚问题的本质和尖锐矛盾所在，这样才能有的放矢，把一切都做得恰到好处。

很多朋友都羡慕那些在职场上游刃有余的人，因为他们看似轻轻松松，却把工作做得毫无疏漏。那么，他们是如何做到的呢？实际上很简单，他们不管自身的天赋和能力如何，一定是多多动脑，才把问题钻研透彻，也才能让自己的方式方法起到立竿见影的效果。朋友们，从现在开始，不仅要勤于动手，也勤于动脑吧

第4章

有付出才有回报，闪亮的未来离不开勤奋的现在

人人都想实现梦想，缔造人生，然而梦想从来不是一蹴而就的。在人生的道路上，我们唯有拼搏进取，绝不懈怠每一个今天，才能拥有充实无悔的昨天，也才能拥有美好成功的明天。总而言之，这个世界上从来不会天上掉馅饼，也没有不需要付出任何努力就能获得成功的好事。正所谓书山有路勤为径，学海无涯苦作舟，不管是对生活还是学习，抑或是工作，我们都要坚信有付出才有回报的道理，坚持不懈、持之以恒地付出，最终才能成就人生别样的辉煌。

笨鸟先飞，天道酬勤

现代社会生活节奏越来越快，工作压力越来越大，每个人都在激烈的竞争中艰难度日，以求自己能够在社会上站稳脚跟，取得好的发展。然而，生存不易，很多时候人生并非如同我们所期望的那样一帆风顺，当我们被人生赏赐以当头棒喝，觉察到人生的反复无常和残酷壮烈，我们还能如此心平气和吗？

最近，关于妈妈辅导孩子写作业时，被孩子气得住进医院做心脏支架的一个帖子，在网络上疯狂流传。这是怎样的熊孩子啊，居然把妈妈的心脏病都气犯了。然而，很多看过这个帖子的妈妈并不觉得事件本身匪夷所思，而是对帖子中妈妈的遭遇深表理解和同情，与此同时，她们也开始吐槽自己的孩子，认为辅导孩子写作业，真的是一件折磨人的事情，甚至使人崩溃和抓狂。实际上，如果有一个帖子来诉说孩子的心声，相信同样会引起很多孩子的共鸣。归根结底，孩子并非故意惹妈妈生气，而是因为他们真的不知道怎样才能做得更好。因为这个帖子的流传，也有很多亲子论坛里针对帖子展开了一些讨论。其实，说起孩子的教育问题，大多数父母都会感慨良多。在一个社区论坛里，父母也情不自禁地分成两个主要派系，一派的父母觉得孩子天生都是一样的，只是因为父母后天教育的方式和引导不同，孩子才会在成长过程中变得迥异，另一派的父母认为孩子天生不同，天赋也差别很大，而父母在孩子的先天条件面前真的会有无力之感。我们暂且认为前者是典型的唯心主义，后者是唯物主义，也更尊重现实。然而实际上，不管是唯心主义，还是唯物主义，教养孩子都需要父母付出大量的时间和精力，也需要父母坚持学习，不断提升和充实自我，才能在教育孩子的过程变得更从容，更有的放矢。

如今，整个社会都很浮躁，急功近利的心态非常普遍，父母在饱尝生活艰辛后，意识到生活的艰难，更会把紧张和焦虑传递到孩子身上，或者对孩子的教育和成长问题更加重视。然而，父母必须意识到一个问题，孩子是亲生的，也是无法改变的，父母的抓狂只会让孩子更无助。在这种情况下，父母与其逼迫孩子出类拔萃，不如支持孩子笨鸟先飞，这样孩子也能借助勤奋弥补自身的缺点和不足，从而更加果断从容地面对这个世界。

古人云，一分辛苦一分才，勤能补拙适良训。曾经有心理学家经过研究发现，大多数人的天赋都相差无几，而人们之所以在成长中变得完全不同，是因为每个人在后天付出努力和勤奋的程度不同。所以作为年轻人，我们更要坚持付出，不怕吃苦不抱怨，不管是在学习中还是在工作中，都要坚持不懈地努力奋斗，从而竭尽全力实现自己的梦想，让自己变得与众不同，万众瞩目。

很多朋友都喜欢作为“四大天王”之一的刘德华，不但喜欢听刘德华唱歌，更喜欢看刘德华演戏。还有很多朋友羡慕刘德华有得天独厚的优势，所以才能成为歌唱和影视圈里的双栖明星。实际上，刘德华非常普通，远远不像歌迷和粉丝所想的那样拥有天赋。刘德华之所以获得成功，是因为他非常勤奋，最终以勤补拙，取得了长足的发展。

刘德华是17岁那年进入娱乐圈的，当时的他毫无名气，在鱼龙混杂的演艺圈里，仿佛水滴进入大海一样马上消失得无影无踪。为了维持生计，刘德华开始跑龙套，演出各种小角色，而且不管脏活累活都干。因为他很清楚自己既没有背景，也没有权势，除了勤奋之外根本没有任何选择。最开始唱歌时，刘德华得到的是听众喝倒彩。他也曾经尝试作词，却被老师建议先去读中文系。就算后来小有名气了，也有人说刘德华根本不适合唱歌。刘德华从不为此感到气馁，而是鼓起信心和勇气，宁愿花费相当于别人几倍的时间，也要争取把事情做到最好。正如刘德华的一首歌里唱的那样，曾经的他就是个“笨小孩”。然而，这个“笨小孩”最终得到了无数粉丝的拥戴，也成为香港乃至全世界都赫赫有名的“四大天王”之一。不得不说，刘德华之所以如同松柏一样拥有常青的艺术生命力，就是因为他的勤奋和努力。

常言道，笨鸟先飞，天道酬勤。对于刘德华而言，他之所以能够在40年的时间里，一步一步获得成功，并且保持事业的巅峰状态，与他的勤奋努力绝对密不可分。成功就像是一粒种子，必须经过汗水的浇灌，才能生根发芽、开花结果。一个人如果总是在通往成功的路上左顾右盼，那么他们就无法坦然面对自己的人生，更无法成功地打开人生的新局面，让人生拥有更多的成就。

虽然成功的因素有很多，而且每个人对于成功的理解和定义各不相同，但是成功从来不是一件简单容易的事情。明智的朋友一定要记住，任何时候，我们都要坚持勤奋，坚持努力，这样才能距离成功越来越近。记住，当一个人把梦想变成了白日梦，只顾着在梦想的道路上不断进取，而忘却了初心，更不愿意把梦想付诸实际，那么这个人也就注定了与成功绝缘。

战胜懒惰，勤奋刻苦才能成功

人有很多劣根性，懒惰就是其中之一。人总是出于本能的趋利避害，更没有人愿意坚持勤奋和刻苦，在这种情况下，人如何才能如愿以偿获得好的发展呢？不得不说，惰性对于任何人而言都是一种拖延的力量，它使人无法鼓起勇气面对人生，也让人把原本应该马上去做的事情无限拖延下去，也使人变得颓废沮丧，不管对生活还是工作，都完全提不起兴致来。所以古往今来，有很多伟大的人物对于懒惰的评价都是贬义。有的名人说懒惰如同一把锁，让人的智力仓库被关闭，再也无法顺利发挥出来。也有人说懒惰的人就像身体生锈了似的，哪怕一举一动都要耗费所有的精力和能量。实际上，在竞争日益激烈的现代社会，懒惰绝不是一件好事情，对于人的生活和工作也缺乏推动力。因而要想生活得更好，每个人最先要做到的就是勤奋。正如一首歌里唱的那样，唯有动起来，懒惰才会被驱赶走，人生也才能恢复活力。从这个角度也可以看出，对于任何人而言，最好的人生状态绝不是静止不动，而是保持运动和充沛的活力，坚持把人生经营得最好。

有人说，这个世界最怕“认真”二字，也有人说，这个世界最怕勤奋。每个人的成功都不是天生就拥有的，每个人的成功都是扎根于苦难，在勤奋的浇灌下才渐渐生长出来的。细心的朋友会发现，古今中外大多数有所成就的人都非常勤奋。他们之中不但有天赋很高的人，也有天赋很低的人，然而勤奋让他们根据自身的实际情况，以最卓有成效的方式，获得了莫大的成功。

也许通往成功的道路有很多，但是不管选择走哪一条道路，对于每个人而言，最先要做的就是战胜懒惰，戒除拖延，把各种各样的金点子和好创意都发挥到极致，从而获得最佳的效果。假如不能战胜懒惰，一切对于成功的美好设想，最终将会变成毫无用处的空想，也会导致人生变得被动。

很久以前，有个孩子叫孟轲。孟轲初入私塾的时候勤奋好学，写起字来一笔一画，绝不敢有丝毫懈怠和疏忽。然而，渐渐地，随着学习任务日渐加重，孟轲意识到学习太累了，还是自由地玩耍更轻松快乐。为此，他开始逃学，经常偷偷溜出私塾去玩耍。有一次，私塾先生把孟轲的情况告诉了他的妈妈。等到孟轲赶回家之后，正坐在织布机前辛苦织布的妈妈问他："你今天放学这么早吗？"看着妈妈严肃的表情，孟轲意识到问题的严重性，不敢撒谎，只好承认了自己逃学四处玩耍的事情。这个时候，妈妈拿起锋利的剪刀，突然剪断了自己织了很长时间的布匹，并且告诉孟轲："如果你对待读书半途而废，你的人生也就像这剪断了的布匹，一无用处。"看到妈妈所有的辛苦和努力都付诸东流，孟轲心疼妈妈，也理解了妈妈的良苦用心，他哭着向妈妈保证："妈妈，我错了，我一定认真读书。"从此之后，孟轲再也没有逃课，后来成为著名的思想家，做出了伟大的成就。

如果不是妈妈剪断布匹，也许孟轲还会继续逃学，荒废学业。这也难怪，孩子的天性就是爱玩、贪玩，孟轲不愿意学习，喜欢玩耍，也在情理之中。然而，通往成功的道路从来都是崎岖不平的，没有任何成功能够一蹴而就。妈妈深深懂得成功的道理，所以剪断自己辛苦织出的布，帮助孟轲意识到战胜懒惰、勤奋刻苦的重要性。

汉朝时期，匡衡的家里一贫如洗，家徒四壁，每当夜晚来临，他们甚至连灯油都买不起，全家人只能摸着黑上床睡觉。匡衡因为白天给家里干活，基本没有时间看书，所以很想利用晚上的时间认真读书，但没有油灯，他什么也做不了。只能躺在床上唉声叹气，辗转反侧。

匡衡家的邻居很有钱，每当夜幕降临时，总是把每个房间都点上油灯，从而让整个屋子都灯火通明。匡衡实在太想读书了，所以有一天，他请求邻居允许他站在邻居的窗户外面读书，不想，邻居不仅没有答应，还狠狠地挖苦了他。看到邻居如此鄙视自己，匡衡非但不气馁，反而更加下定决心要多多读书，长大之后做出成就。

一天晚上，匡衡正躺在床上辗转反侧，突然发现床头有微弱的灯光透进来。他一轱辘坐起来，认真观察光亮的来源，这才发现自己家和邻居共用的墙壁上，因为年代久远，居然出现一个小小的洞。匡衡高兴极了，赶紧找到尖锐的东西顺着小洞挖，最终让灯光投射到他的床头。就这样，匡衡每天都借着邻居家里投射过来的灯光如饥似渴地读书。渐渐地，匡衡把家里的书和能借到的书都读完了，为了有更多的书可读，他还免费去一户藏书很多的大户人家当长工，只为了能够读那户人家的书。正是因为如此勤奋刻苦，匡衡才能饱览群书，博学多才，最终成为汉元帝的丞相，一人之下，万人之上。

虽然家境贫苦，甚至连油灯都点不起，但是这并不影响匡衡读书。幸好有了这些书籍的滋养，匡衡得以彻底改变命运，成为西汉时期著名的学者，也成为汉元帝的丞相，在事业上进入巅峰期。

如今，很多孩子身在福中不知福，虽然生活条件和学习条件都很好，但是他们却不愿意读书。正如一位名人所说的，书籍是人类精神的食粮，如果没有书籍的滋养，人类如何进步呢？

无论是谁，要想取得进步，成就自我，就必须先战胜懒惰，也克服本能的劣根性。正所谓金无足赤，人无完人，每个人在成长过程中都会遇到各种各样的困难，如果一味地顺从自己的心意，那么人生必然先享受后吃苦。实际上，在年轻的时候，我们更要抓住青春的宝贵时光，从而先苦后甜，为人生奠定坚实的基础，也为人生的未来谋篇布局，做好充分的准备。

工作积极主动，才能创造未来

现代社会的年轻人承担着巨大的生活压力和工作压力，也因此他们在工作中总是显得力不从心，疲惫不堪。当然，也有些年轻人并非精力不济，而是因为他们对工作缺少规划，也不愿意在工作上有良好的表现，所以根本不能积极主动地对待工作，当然也谈不上创造未来了。

如今，有很多年轻人对工作怨声载道，总觉得自己生不逢时，在工作上始终难以有出色的表现。实际上，在工作上是否有好的表现，并非天时地利人和就能决定的，最关键的在于我们对待工作的态度要端正，完成工作的态度要认真，尤其是在工作上遇到困难时，一定不要知难而退，而要迎着困难赶上去，才能真正战胜困难，也在工作上有所表现，有所收获。

其实，如今的很多年轻人都把自己当成公司的过客，甚至有些人骑驴找马，一边做着手中的工作，一边恨不得马上跳槽到一家更好的公司。这样的态度怎么可能把工作做好呢？别说对待工作了，哪怕是对待生活中的一件小事，我们也要全心全意地投入，全力以赴，才能把事情做好。所以曾经有一位知名企业的管理专家说，如果每一位员工都能把公司当成自己开的，把自己当成公司的主人，那么他们对待工作的态度和在工作上的表现就会截然不同。

那么，什么叫积极主动呢？如果年轻人在工作上总是接受安排，才能完成既定的工作，而不能发挥主观能动性，把工作做得更好，或者安排好自己的工作节奏，那么工作的效率就会大幅度降低，也会导致在工作上始终没有良好的表现。从这个角度而言，外界的各种因素固然会影响年轻人对于工作的发挥，年轻人自身的主观能动性对于他们工作的表现，也起到至关重要的作用。年轻人一定不要把工作仅当工作，而要把工作当成自己的事业，从而在哪怕没有人要求和安排的前提下，也能自觉地全心投入，做好工作。年轻人必须意识到，工作的目的不仅仅是换取薪水，维持生计，而是用心做事，哪怕付出多一些，也不要怨声载道，毕竟每一份经历都会给年轻人带来丰富的生活经验。这样一来，年轻人对待工作才能始终充满热情，积极主动，最终在工作上拥有一定的成就，获得新的发展，渐渐地成长和成熟起来。

作为一名大学应届毕业生，林云找了好几个月才找到了如今这份相对满意的工作。原本，林云以为从正式工作开始就会掀开人生的新篇章，再也没有学生时代的巨大压力和烦心事，没想到工作可没那么简单，林云自从工作之后不但几次因为工作没有完成好而被上司批评，还与同事之间关系紧张。这一切，都是因为林云在职场上明哲保身，对工作推三阻四，不愿意多做任何工作导致的。

例如周一例会上，上司在会议即将结束时，突然想起还有一份表格没有做好，因而临时安排给林云去做。林云很不乐意，当即问上司："这是我的工作范畴吗？"上司听到这话，当然很不高兴，一本正经地说："我觉得是。"林云不知道该说些什么，只好嘟囔着去干活了。不止这一次，林云总是说某某工作不属于她的工作范畴，又说她不是来公司打杂的。即使对于上司交代的工作，林云也总是敷衍了事，不愿意花费更多的时间和精力把工作做好。渐渐地，上司对林云越来越反感，后来终于找了个机会，在试用期一到就把她辞退了。

在职场上，虽然是一个萝卜一个坑，但是难免会有一些突发的工作或者额外琐碎的工作需要处理。这种情况下，如果年轻人总是固守自己的工作范围和职责，哪怕自己正闲着呢，也不愿意帮助上司和同事分担，那么日久天长，他们这样清晰的工作界限难免会招致上司的反感；他们不愿意在同事需要的时候帮忙，难免会与同事关系紧张，无法得到同事的认可和欢迎。

年轻的朋友们一定要记住，工作绝不是敷衍了事，更不是当一天和尚撞一天钟。很多时候，我们会羡慕他人在工作上突然得到好机会，获得成功，却不知道他人在背后默默付出了很多，所以才能抓住机会，彻底改变职业生涯。当然，要想在工作上积极主动，做出成就，还要端正态度，发自内心地热爱工作。人们常说，兴趣是最好的老师，然而现代社会真正有好运气从事自己喜欢的工作的人，简直少之又少。既然我们不能选自己所爱，就要调整好心态，爱自己所选，这样我们才能全心全意投入工作，也才能主动积极地对待工作，从而在工作上有所成就，突破和超越自我。

管理好自己，才能战胜拖延

拖延是人的本性之一，很多人都会情不自禁地拖延，尤其是在面对自己不擅长的事情或者没有能力处理的工作时，他们会无限度地拖延下去，因而导致做事情总是拖拖拉拉，对待工作又拈轻怕重，还总是想做最少的工作，得到最高的报酬。不得不说，这样的想法简直无异于白日做梦，除非是那些含着金汤匙出生的人，否则根本没有实现的可能。那么作为普通而又平凡的人，当我们发现自己哪怕再怎么努力，也无法达到那些含着金汤匙出生的人的起点时，我们又该怎么做呢？是完全放弃努力，还是继续不遗余力地努力？明智的朋友一定会选择前者，因为既然现状已经如此糟糕，那么哪怕有一点点进步，也是巨大的成功。否则，拖延就会成为生命的桎梏，导致生命变得无处安放。

遗憾的是，现代职场上很多年轻人对于工作都得过且过，而且越是面对艰巨的工作任务，他们越是无限拖延，甚至推三阻四。他们从来不以承担艰巨的工作任务为荣，而是非常排斥和抗拒在工作中哪怕多干一点点。他们总是美其名曰明哲保身，实际上却消极怠工，宁愿少干，也不愿意多干。不得不说，这些年轻人在对待工作的认知和理解上陷入了一个误区，即他们觉得少干工作是赚便宜。实际上，正如不经历无以成经验，人生中的每一段经历都不会是白白经历的。当年轻的朋友对待工作积极主动，严格管理自己，让自己彻底戒除拖延，第一时间就高效率完成工作，那么他们就算没有得到更多的报酬，也得到了工作的经验和人生的感悟。所以他们会积极做好工作，绝不疏忽懈怠自己的人生。

从这个角度而言，一个人如果对待工作全身心投入，百分之百认真，那么他就能从工作中受益。反之，一个人如果玩忽职守、消极怠工，看似他多休息了一会儿，多偷了一会儿懒，占了便宜，但是实际上最终受害的人是他自己。所以作为职场上最普通的一名员工，我们一定要严格要求自己，约束和管理好自己，哪怕再苦再累，也要鼓起信心和勇气积极地对待工作，绝不因为工作的不如意，就放弃努力，对工作丝毫不负责任。如今的职场，很多用人单位都在为招聘尽职尽责的员工而发愁，而又有很多人才总觉得自己怀才不遇，这到底是为什么呢？归根结底，是因为人才的高度达不到用人单位要求的高度，当人才为自己拥有高学历而沾沾自喜时，企业最大的目标是找到那些吃苦耐劳、认真负责、严格自律、有责任心的员工。显而易见，学历的高低与是否具备这些优秀的品质之间并没有必然的联系，所以才会出现大学毕业生找不到工作、用人单位聘用不到合适的人才的窘境。

有人说，性格决定命运，习惯成就人生，我们也要说，心态造就人生，也决定命运的走向。作为员工，与其抱怨命运不济，或者待遇不公，不如努力提升和完善自己，端正自己对待工作的态度，从而让自己对待工作恪尽职守，绝不因为对工作的一点点不满意，就对工作现状抱怨不停。尤其是当拖延症出现时，员工更要管理好自己，保证高效率地工作，而不要任由自己贪图享乐，否则只会导致工作陷入被动的状态，也使职业生涯的发展受到阻碍，无法更上一层楼。

作为一家房地产公司的销售人员，俊宏虽然工作上很努力，但是总是无法掌握最好的方法，因而导致工作效率很低。有的时候，俊宏一天看似很忙碌，却毫无收获。在接连几个月都没有成交的情况下，上司不得不找俊宏谈话，希望他能用心反思自己，否则再有一个月就得离开公司了。

得到上司的最后通牒，俊宏很着急，也很焦虑。毕竟如今找工作很难，俊宏又看到其他业绩优秀的同事每个月都赚得盆满钵满，因而他非常愿意留下来，和其他同事一样获得发展。为了尽快改变自己长久以来毫无成效的工作方法，俊宏特意跟随部门里的一位销售冠军一起跑业务。他主动当销售冠军的助理，不要任何报酬，只要跟着销售冠军学习。有一天，俊宏突然想起来要与一个客户联系，因而口中念念有词："我等会儿和那个客户联系，师傅，你记得提醒我啊！"销售冠军觉得很奇怪，反问俊宏："你现在有什么紧急的事情需要处理吗？"俊宏丈二和尚摸不着头脑，摇了摇头，销售冠军又问："那么，你为何不马上打电话给客户呢？现在难道不是最好的时机吗？"俊宏一下子被问住了，迟疑了一会儿，也没有做出回答。良久，他才说："嗯嗯，我现在就打电话。"然而，拿出电话本之后，俊宏又耽误了很长时间才真正打电话，而此时引发他打电话给客户灵感的感受已经完全消失了，他的语言表达非常乏力，根本无法起到预期的效果。销售冠军恍然大悟，对俊宏说："俊宏，你其实很努力，也很勤奋，但是你性格太慢，导致你无限拖延。凡事想到了就要立刻去做，除了想到的那一刻，没有任何时刻是更好的时候。所以，当机立断，戒除拖延，对你而言非常重要，你必须马上就调整自己的心态，做好每一件事情。当你哪一天变得风风火火而不是恹恹欲睡时，你就已经成功了一半！”销售冠军的话让俊宏陷入沉思，他在进行深刻的自我反省之后也意识到拖延的负面作用，因而渐渐地改掉拖延的毛病，让自己也变得雷厉风行起来了。

一个人如果拖延，那么他一天就不是拥有24个小时，而只是拥有20个甚至是18个小时。同样的道理，一个人如果脚底下虎虎生风，不管做什么事情都当机立断，那么他的一辈子不止是一辈子，而会比别人多1/5，甚至比别人多半辈子，或者活出别人的两辈子。这就是行为果断的好处，不但能够帮助我们抓住各种好时机，而且能够帮助我们节省生命，从而也就变相延长了生命。

年轻人正处于人生之中精力最充沛的时期，千万不要觉得工作累就消极怠工，也不要因为工作难度大就知难而退。一个人如果拥有强大的内心，是真正的强者，那么他们总能成功打开人生的大门，走入人生中豁然开朗的天地。从现在开始，朋友们，休息的时候你可以尽情地躺着，工作的时候一定要如同脚底抹油那般机智灵活，从容果断，绝不浪费一分一秒的时间和光阴。

恪尽职守，坚持付出就能创造奇迹

很多人都把成功看得非常伟大，总觉得成功的人具有独特的天赋，是普通人根本无法学习和效仿的。实际上，如果有机会听到成功人士讲述成功的经历，我们就会发现大多数成功人士都是普通人，甚至他们比普通人还遭受了更多的挫折和磨难，也因此付出了更多的努力和更长久的坚持。那么，他们为何能够获得成功呢？在没有天赋异禀和贵人相助的情况下，他们凭什么得到命运的青睐，在人生中有与众不同的表现呢？归根结底，天时地利人和虽然对于获取成功特别重要，但是对于成功而言，最重要的还是恪尽职守，坚持付出。

常言道，一个人做一件好事很容易，哪怕这件好事惊天动地，他也能坚持下来。而一个人要想一辈子都做好事，则是很难的，因为坚持是这个世界上最伟大的事情。民间有句俗话，叫作久病床前无孝子。这句话的意思是说，孩子哪怕再孝顺，如果父母长期生病，那么孩子也很难坚持孝顺父母。相反，假如孩子能够坚持孝顺父母，对父母不离不弃，那么这样的亲情就会感天动地。这个世界是残酷的，也是冷漠无情的，但也偶尔有奇迹出现。唯一能够创造奇迹的，就是坚持。细心的朋友会发现，很多奇迹之所以诞生，和坚持有着密不可分的关系。作为年轻人，要想在工作上有所成就，有所收获，就要坚持付出。这个世界上绝没有一蹴而就的成功，更没有天上掉馅饼的好事情，任何成功都是点点滴滴的付出换来的。要想成功，就要排除万难，坚持付出，哪怕遇到坎坷和挫折，也绝不畏缩和放弃。唯有怀着坚强的毅力，恪尽职守，才能万丈高楼平地起，最终创造奇迹。

现实生活中，很多人羡慕他人从事光鲜亮丽的工作，觉得自己的工作很平常，也不容易做出成绩。殊不知，没有人生而就拥有好工作，他们之所以能够拥有今日的成就，就是因为他们坚持每天付出一点点，恪尽职守，从而最终做出伟大的成就。也许有些朋友觉得，每天做出一点点，并不能成就伟业，其实这是对工作的误解。古人云，不积跬步无以至千里，哪怕行走千万里路，也是要一步一步用脚步去丈量的。所以要想在工作上有所成就，我们就要坚持付出和奋斗，从而渐渐地让自己出类拔萃，比别人做得更多更好，最终鹤立鸡群。

现代职场已经彻底摆脱了大锅饭时代，每一个人都要做好自己的本职工作，才能真正在职场上立足，也才能走过艰难坎坷，走向成功。那么，每天多做一点点到底是什么意思呢？每天多做一点点，就是要改变自己，每天都比昨天的自己有一些小小的进步，都有新的姿态和发展。虽然每天的进步也许都很小，但是只要坚持下来，日积月累，哪怕是普通的人，也能够一步一步攀登上台阶，最终到达顶峰。

大学毕业后，晓雪一时之间没有找到理想的工作，只好去一家企业当了秘书。秘书的工作无疑是枯燥的，说是秘书，实际上就是打杂的，晓雪每天都要处理很多办公室里的繁杂事情，因而非常烦恼。晓雪日思夜盼地想有一个展示自己才华的机会，让自己在领导面前脱颖而出，出类拔萃。终于，有一天，领导扔给晓雪一个报表，让晓雪根据公司的销售情况做一个年度总结。原本，领导告诉晓雪只要两周之内完成，赶在年会上用就可以了。不想，晓雪马上全力投入，利用工作之余的时间查找资料，只用了一周就完成了年度总结。

当晓雪把年度总结交给领导时，领导惊讶地说：“晓雪，你完成得这么快呢！”晓雪笑着说：“距离年会没多长时间了，我想尽早完成总结，这样如果有需要改动或者您不满意的地方，也有更多的时间来调整，不至于那么仓促。”听完晓雪的话，领导满意地点点头，对晓雪说：“你有这样的工作态度，很好！”从此之后，领导非常留意晓雪的工作，晓雪对于工作也非常用心，每天都会抽出时间多完成一部分工作，或者是帮同事的忙，或者是自发找工作去做。如此，一年之后，晓雪取得了巨大的进步，得到了领导的赏识，被提升为领导的助理。

原本对于文秘工作并不满意的晓雪，之所以能在工作中有出类拔萃的表现，就是因为她每天都坚持多做一点点工作，最终积少成多，聚沙成塔，把工作做到了最好。正所谓一分耕耘，一分收获，晓雪的努力付出得到了良好的回报，她也真正实现了自己的梦想，成为领导的助理，从此之后的职业生涯会打开新的局面。

细心的朋友会发现，很多时候，同时进入公司的同事，在公司里经过一段时间的历练之后，发展会大相径庭。这是为什么呢？同样的起点，同样的资质，不同的年轻人会有不同的表现和不同的职业命运，归根结底是因为每个人在工作上的付出不同。仅从一天来看，也许其中某个人只是付出了一点点，而其他的人则正常工作，既没有偷懒，也没有特别勤奋。但是日久天长下来，工作的付出经过积累就会相差悬殊，截然不同。所以年轻的朋友们，对待工作一定要认真负责，充满激情和热情。要记住，每天一点点，假以时日就会汇聚成巨大的成功之流，彻底改变我们的命运。

第5章

苦难中成就辉煌，逆风更适合飞翔

记得有位伟大的领袖曾经在面对西方国家记者的刁难时，回答：“我们走的是上坡路，所以才要低着头。只有走下坡路的人，才高昂着头呢！”不得不说，这样的回答犀利而有力，也让在特定时期别有用心的西方国家记者无言以对。的确，人生是需要走上坡路的，而要想走好上坡路，我们就要低着头，努力地攀登和向上。同样地，人生也需要逆境，因为一帆风顺的境遇，对于年轻人的成长并非是好事情。所以说，苦难才能成就辉煌，逆风更适合飞翔。如果我们一味地走下坡路，顺着风飞行，如何才能到达人生的高处，成就人生的与众不同和璀璨夺目呢？

踩在挫折之上，才能勇攀高峰

人们常说，失败是成功之母，不过这只是针对能够战胜失败的人而言的。假如一个人无法战胜失败，且被失败打击得一蹶不振，那么失败就不是成功之母，而是通往成功路上的陷阱，会让人坠入深渊，无法自拔。当然，相比起失败，人生路上更容易经历的是挫折。正所谓人生不如意十之八九，任何情况下，人生都不可能一帆风顺，每个人在人生路上都会有各种各样的坎坷与挫折，也会遭遇不同的境遇，唯有怀着一颗强大的内心，才能把所有的不如意都放下，从而昂首挺胸，阔步向前，最终赢得人生的别样天地。

从本质上说，挫折本身并不可怕，最可怕的在于我们没有意识到挫折也蕴含着生机和契机，并且能够成全我们与众不同的人生。就像我们在爬山的过程中也会遇到很多阻碍一样，如果是小石头，我们会把小石头踩在脚下，如果是大石块，我们也许会绕道而行，迂回曲折地到达目的地。当然，对于无法回避的障碍，我们只能一鼓作气，勇往直前，战胜所有的艰难坎坷与挫折，最终彻底解决问题。

对于人生，总是有着酸甜苦辣咸等百般滋味，其实挫折也是人生的本味之一，更是人生中不可逃避的必修课。作为年轻人，一定要正视挫折，在遇到挫折的时候不要逃避，而是要正面面对挫折，勇敢战胜挫折，领悟生命的真谛。当我们摆正心态，就能从挫折中崛起，积累人生的经验和阅历。而当我们总是扬扬得意，经受不起挫折的沉重打击，那么挫折就会给我们致命的一击，甚至让我们一蹶不振，再也无法在人生的旅途中昂首挺胸，扬眉吐气。可以说，每一个挫折背后都隐藏着成功的种子。遭遇挫折，我们唯有更好地面对挫折，戒骄戒躁，才能不断地磨炼自身的意志，变得越来越坚强。所以真正的强者会把挫折当成人生的垫脚石，踩着挫折不断攀升人生的巅峰，最终到达人生的制高点。总而言之，面对挫折的选择，最终会决定我们人生的成长和最终到达的高度，也会让我们的命运变得与众不同。

从师范院校毕业后，菁菁被分配到家乡一所村小学教书。对于原本志向高远的她而言，一下子就像进入了人生的囚牢中，既看不到人生的希望，也不知道自己应该如何面对和对待枯燥乏味的教学生活。每天，菁菁就住在学校里，她的生活就是两点一线，从宿舍到教室，从教室到宿舍，因为办公室就和她的宿舍紧挨着。为此，菁菁渐渐感到苦闷，也迫不及待想要改变现状。

在这种情况下，有个学生的家长给菁菁介绍了自己的小叔子，据说她的小叔子在上海工作，是个很有才华的大学生。即使在看到相亲的对象后觉得很失望，菁菁还是不顾父母的反对，义无反顾地嫁给了对方。结婚之后，菁菁当即辞职，和丈夫一起去了上海。然而，到了上海之后，菁菁更失望了，原来这个所谓的大学生根本就不是正规大学毕业的，如今也只是在上海带着一些人干建筑工作，充其量只能算是个小工头而已。为此，才结婚几个月，菁菁就觉得双方相差悬殊，因而与对方离婚了。此时，菁菁已经失去了教师的工作，也不愿意再回到家里，因而她决定独自留在上海打拼。对于这个陌生的城市，菁菁当然感到压力很大，但是她从未退缩，而是坚持留下来，继续努力和奋斗。10年之后，菁菁不知道与自己已形同路人的前夫近况如何，但是她已经重新与一位非常优秀的男士组建家庭，而且有了一双儿女。最重要的是，他们在上海买房落户，真正站稳了脚跟。

一个从未出过远门的女孩，在与一个几乎陌生的男人结婚之后，很快发现彼此并不合适，因而选择了离婚。在这种情况下，如果女孩没有坚强的毅力，也许很难独自在上海继续生活和打拼，直到最终获得自己想要的一切，收获幸福美好的生活。可想而知，如果事例中的菁菁在遭遇婚姻失败之后回到家乡，那么等待她的也许是暗无天日的生活。哪怕婚期再短，在闭塞的老家，人们也会觉得菁菁是二婚了，她追求幸福的权利也会受到影响。幸好坚强的菁菁做出了明智的选择，不但继续留在繁华的上海，而且最终也收获了自己梦寐以求的幸福生活。

谁的人生会是一帆风顺的呢？任何时候，我们都要接纳命运的一切赐予，而不要对命运挑肥拣瘦，更不要在命运面前败下阵来。古人云，兵来将挡，水来土掩，现代社会虽然处于和平之中，我们也要更加注重对人生的应对，而不要让自己的内心过于脆弱，被小小的挫折打倒。总而言之，唯有成为人生的强者，我们才能主宰人生，把控人生，也才能踩着挫折和失败的台阶，不断攀升，不断提升和完善自己，让自己变得更加强大和优秀。

困难像弹簧，你弱它就强

对于困难，有一首朗朗上口的打油诗，大概是“困难像弹簧，你强它就弱，你弱它就强”。既然如此，相信明智的朋友都知道如何面对困难，战胜困难。人生之中，大多数时间都是逆境，只有偶尔会顺遂如意，人人都有要经历人生的逆境，也要面对人生中各种各样的困难。既然如此，要想成为人生的强者，每个人都要摆正心态，最大限度地战胜困难，在人生中崛起。

现实生活中，有些朋友会觉得自己突然间陷入逆境，这其实是困难接踵而至给人造成的错觉。越是在压力面前，越是要充满力量向上，就像大自然里的野草，哪怕被压在石块底下，也能不断地崛起，最终从石块下面探出脑袋，看看这个美好的世界。其实，年轻人不应该在面对困难的时候怨声载道，顺遂如意是人生的甜蜜滋味，困难和逆境也同样是人生不可缺少的养料。年轻人经历过困厄的生活，才能锻炼自己的坚强意志，锤炼自己的顽强品质，从而让自己变得越来越有耐心、恒心和毅力，对人生也有更加深刻的感悟与总结。正如一首歌里唱的，不经历风雨，怎能见彩虹，没有人能随随便便成功。也有一首诗里说，宝剑锋从磨砺出，梅花香自苦寒来，总而言之，每个人的成长都会经历逆境，也都要熬过那段漫长而又艰难的坎坷岁月，才能获得成长，渐渐成熟起来。

作为举世闻名的物理学家，霍金一生命运坎坷，饱受生活的磨难。21岁那年，霍金身患卢伽雷氏症，导致全身肌肉萎缩，只剩下三根手指可以轻微活动，而身体的其他部位都彻底瘫痪。很多人把霍金形容为一颗创造奇迹的大脑，的确，霍金几乎已经失去了自己的身体，但是他的头脑从未有一刻停止过转动。他是一位伟大的科学家，始终在进行科学研究，不能说话，他就用手指敲击键盘，来与助理和身边的人交流。

在一次学术报告后接受采访时，一位女记者用满怀同情的口吻问霍金："霍金先生，您的一生都被卢伽雷氏症禁锢在轮椅上，您是否觉得人生有很大的缺憾呢？"听到这样的提问，霍金丝毫没有表现出沮丧的神情，而是面色安详地用手指艰难地敲击键盘，回答女记者的提问："我的大脑还能进行思考，我的手指还能表达我的内心，我的人生有远大的理想和目标，我的身边陪伴着亲人和朋友，他们都深爱我，所以，我对命运充满感激……"台下的观众看到霍金的回答，全都站起身来，簇拥到演讲台前，给予霍金热烈的掌声，给予霍金莫大的敬意……

霍金不仅仅是一位伟大的科学大师，也是人生的勇士，给无数人以勇气和希望，让人们坚强地面对人生。对于霍金而言，哪怕承受人生巨大的悲痛和不幸，也不能让他对命运屈服，更不能让他对命运缴械投降。正因为在逆境之中有着如此顽强的毅力和坚强不屈的精神，霍金才能在人生的困厄中崛起，不断地向着成功迈进。

作为人生真正的强者，不会因为人生不够顺遂如意，就对人生失去信心。任何情况下，不管面对怎样的困境，我们都要积极勇敢地面对，也要从容果断地超越困境。很多人都知道，爱迪生发明了电灯，那么又有谁知道，爱迪生为了寻找到合适的材料做灯丝，尝试了1000多种材料，而且进行了六七千次试验呢。每一次失败，对于他而言都是一次打击，就连助手都灰心丧气了，爱迪生却说，每次失败至少告诉他们哪种材料不适合用作灯丝。从爱迪生的话里，我们不难看出爱迪生多么的坚强、有信心，也不愿意放弃。成功就在下一次，就在无数次失败之后的那一次。所以朋友们，不管是因为命运困厄遭遇逆境，还是因为一次次失败的打击，我们都要鼓起信心和勇气勇敢地面对。每个人在生活中和工作中都会遭遇各种各样的阻碍，最好的方法是勇敢地面对，绝不退缩和放弃，勇往直前，迎难而上，这样才能以强大的意志力战胜人生的逆境，也让困难在我们的强大面前知难而退。朋友们，一定要记住，上帝是很公平的，我们唯有掌握“坚持”这把钥匙，才能最终奔向成功的曙光。否则，如果我们发自内心地放弃了，还如何能够找到更好的机会，赢得人生的契机呢？

忍耐，才能在逆境中崛起

很多有在海上旅行经验的朋友都知道，海浪掀起来的时候，波峰很高，波谷很低。其实，人生何尝不像大海呢，既有波峰，也有波谷。当处于波峰状态时，人生春风得意马蹄疾，不管什么事情都顺遂如意，而当处于波谷时，人生又凡事都不顺利，甚至很多挫折的事情都会接踵而至，导致人生处处被动。无疑，人人都希望自己的人生顺遂如意，然而人生不如意十之八九，每个人都不得不接受不如意的人生，坚强忍耐，才能在逆境中崛起，拥有与众不同、精彩绝伦的人生。

人生，只有学会收拳，才能让出拳的力量更强大。否则一味地伸出拳头，只会导致人生变得乏力。深谙发拳之道的朋友会知道，收拳能够让我们更加积蓄力量，从而让再次打出去的拳头变得更有力量。所以人生顺势而为，也要在逆境中学会忍耐和积蓄力量，让人生拥有再次出拳的机会。

从修养的角度而言，忍耐不是怯懦，更不是畏缩，而是人的一种品质和毅力。只有宽容的人才善于忍耐，如果一个人总是心胸狭窄，是很那忍耐的。三国时期，周瑜发出“既生瑜，何生亮”的感慨之后，吐血身亡，实际上他不是死于疾病，而是死于自己的心胸狭隘。假如周瑜能有宽大的气度，也许他的命运就会截然不同。忍耐还表现出一个人的修养，很多脾气火暴的人动不动就口无遮拦，导致口不择言，然而说出去的话如同泼出去的水，很难再收回来，给他人的伤害一旦造成，也无法挽回。所以人的嘴巴不仅是用来吃饭的，也是用来说话的，人一定要管好自己的嘴巴，才能让自己不再口无遮拦，而说错话。当然，忍耐不仅仅体现在说错话上，还体现在人生的方方面面。尤其是在做人处事的过程中，更要控制好自己的脾气秉性，与他人进行良好的沟通，才能处理好一切问题，得到自己想要的人生。

很久以前，有位博士留学归来，但是找工作的时候却四处碰壁，不是被拒绝，就是遭到冷遇，这让他非常纳闷，不知道自己作为一个博士，为何还没有普通的大学生好找工作呢！有一段时间，博士痛定思痛，决定从最底层工作做起。所以，他再找工作的时候，丝毫没有提及自己的学历，而是拿出尘封已久的本科毕业证，四处寻找工作的机会。果不其然，没过多长时间，博士就顺利找到一份工作，当然，他即将从事的也是公司里非常普通的工作——一名程序员。

博士对待工作兢兢业业，从未提起过自己博士的背景。他至今仍然对找工作的艰难情况记忆犹新，因而很珍惜这个工作机会。有一天，公司里的一个重要程序突然出现漏洞，好多程序员齐心协力想办法修补漏洞，也没有解决问题。这个时候，博士低调地站出来，向领导申请："让我试试吧！"领导带着怀疑的眼光看着博士，没想到博士"手到病除"，马上修补好系统漏洞。领导惊讶极了，这时，博士拿出自己的研究生学历，说："其实，这是我读研究生时主修的科目。"看到博士拿出来的研究生学历，领导非常惊喜，当即决定提升博士为项目小组组长，以后多多指导程序员们解决疑难问题。

又过去半年多，公司要接待一个国外代表团，想争取到与国外公司合作的机会。然而，国外代表团提前到访，这使公司一时之间根本来不及去招聘一个翻译员，而且因为大多数翻译内容都涉及学术知识，普通的翻译员也根本无法胜任。这时，已经成为项目负责人的博士站出来说："领导，要不我再试试吧，我的英语还算可以。"既然一时之间也找不到其他的人，领导只好死马当活马医，毕竟哪怕他水平再差，也是唯一的人选。就这样，博士操着一口熟练的英语和外国公司代表团的人员沟通，简直让领导瞠目结舌。在顺利与外国公司代表团签约之后，领导激动地与博士握手，说："你可真是我的贵人啊！"博士低调地说："其实，我的博士学历就是在美国读的，所以我对美国人和英语都还算了解。"领导瞪大眼睛，难以置信地看着博士："你为什么不早点说呢？"博士笑了，说："现在说也不晚啊！"

在找工作之初，博士总是第一时间展示自己的学历，因而导致用人单位对他心生怀疑。后来，博士为了顺利找到工作，只好隐瞒自己的学历，踏踏实实从公司的底层做起，在适当的时候再展示自己的才华，也博得了领导的认可和赞赏。这样的忍耐行为，让博士十年磨一剑，不惜花费更长的时间循序渐进表现自己的才华，从而也让自己得到了上司的认可。

人们常说，忍一时风平浪静。的确，很多时候人们会把忍耐误解为胆小怯懦，是不敢勇敢面对现状的表现。实际上，忍耐不是胆怯，而是圆融通达的表现。大多数聪明人都不会意气用事，相反，他们会适度忍耐，从而给自己发挥理性和理智的机会。熟悉历史的人都知道，韩信当初正是因为能够忍受胯下之辱，才能成为刘邦的大将，帮助刘邦赢得天下。如果韩信和屠夫决一死战，在敌不寡众的情况下，必然有性命之忧，人生自然也就不会与众不同。所以很多优秀的人与平庸者之间的区别，并不在于所谓的天赋、才华与才能，而在于谁能具有更大的宽容与忍耐，成为最终的赢家。毋庸置疑，通往成功的道路上需要很多优秀的品质，而最不可或缺的品质之一就能忍耐。

朋友们，不要再因为一时冲动，而让自己陷入被动之中无法自拔，任何时候，你的坚韧和顽强，都会为你打开成功的大门，让你在勤奋与努力之后，渐入成功的佳境。这样一来，成功就会与你结缘，你也会如愿以偿获得自己想要的人生。记住，越是遭受挫折的时候，越是要坚强地忍耐，正所谓柳暗花明又一村，唯有坚持不懈，才能守得云开见月明。这个世界上，既没有天上掉馅饼的好事情，也没有一蹴而就的成功，只有不断地努力、坚持和忍耐，才能更多地收获成功的筹码。

坚持，是获得成功的必备品质

就连才上几年级的小孩子，也会把“坚持才能胜利”这句话挂在嘴边，时时用这句话激励自己。那么，如何才叫坚持呢？在遇到困难的时候，不会知难而退，而是迎难而上；在遭遇挫折的时候，不会轻易放弃，而是知道唯有坚持下去，才能山穷水尽疑无路，柳暗花明又一村；在人生遭到困厄的时候，绝不抱怨命运不公，而是能从自身反思原因，努力提升和完善自我，从而让自己距离成功越来越近。总而言之，成功绝不是信手拈来的，而是要付出努力和坚持，经受挫折和磨难才能得到的。

对于成功而言，坚持是必须具备的优秀品质，也是通往成功的必经之路。曾经有心理学家经过研究证实，大多数人的先天条件其实相差无几，但为什么有些人最终获得了成功，而有些人却因为各种各样的原因一次次地放弃，始终一事无成，人生的梦想和理想也全都变成了空想呢？难道说那些成功者都是天赋异禀吗？其实不然。大多数成功者不但没有杰出的能力，反而有可能在人生中遭遇更多的困厄和磨难，而他们之所以最终凤凰涅槃，浴火重生，就是因为坚持。与成功者恰恰相反，大多数一事无成的平庸者，不是因为先天不足，而是因为他们后天不能坚持下去，遇到困难总是逃避，最终导致在人生路上不停地遭遇失败，最终毫无成就。所以我们说，坚持是获得成功的必备品质，每个人都只有坚持，才能在人生路上不断战胜困难和挫折，也才能最终看到成功的曙光。

古今中外，无数伟大人物的成功经历告诉我们，成功绝不是一蹴而就的，而是要历经艰难才能获得的。很多人在成功之前都经历了无数次失败，也饱受失败的打击，但是他们没有轻言放弃，而是一直在努力，在失败中尝试，寻找属于自己的成功之路。所以朋友们，千万不要误以为成功的机会只有一次，只要坚持尝试，成功终有一天会如约到来。也许你觉得自己再也不会成功了，但是当你再一次努力之后，却守得云开见月明，迎来成功。这就是成功最爱与我们玩的捉迷藏游戏，只有努力用心的人，才能找到藏在转角处的成功，也才能享受成功的喜悦。

在金融危机席卷全球的时代，找工作成为异常艰难的事情。大学毕业的杰克接连去了很多家公司面试，寻求工作的机会，最终都以失败而告终。其实，杰克最想从事销售工作，因为他知道销售工作会获得相对较高的报酬，也知道销售工作是很具挑战性的。即使在被拒绝很多次之后，杰克也没有放弃希望，最终他来到一家销售公司向总经理申请："我可以不要报酬，来免费工作，等到我为公司创造了效益，您再给我业绩提成。"对于总经理来说，这当然是没有成本的好事情，但是他一想到杰克没有报酬，也未免有些犹豫："我们的办公室也满了，而且你没有报酬，要如何生存呢？"杰克笑着说："没关系，我只需要一张办公桌和一部电话，我可以随便坐在哪里。"就这样，杰克从公司的仓库里翻箱倒柜为自己找来一张办公桌，就守着一部电话开始了工作。因为是编外人员，杰克不方便和其他正式的销售人员抢着接门店的客户，所以他就从给老客户打电话回访做起。一个月的时间里，杰克回访了公司此前5年的老客户，果然挖掘出好几个潜在客户。

后来，杰克又展开网络营销，在各大社区论坛发布销售产品的信息，居然又招来好几个新客户。就这样，杰克的客户越来越多，在入职的第二个月，他就顺利签约了一个客户，让总经理对他刮目相看。因为杰克的勤奋与刻苦，总经理破格允许他转正了。有了正式的待遇，杰克的销售业绩越来越好，进入公司半年，已经成为公司的销售冠军。

如果不是因为对销售行业的热爱和执着，杰克也就不会愿意不要薪酬而留在公司里工作，更不会不遗余力地通过各种渠道开发客户。哪怕在知道付出有可能得不到任何回报的情况下，杰克仍然在全力以赴地付出，最终以实际行动告诉总经理，他是一名非常优秀的销售人员，不但对销售工作非常热情，而且能坚持下去。正是因为这份坚持，才让杰克得到了回报，也让杰克成功赢得了事业的新局面。

做什么事情不需要坚持呢？可以说，不管是大事小情，不管做什么事情，都需要坚持。很多人之所以在通往成功的道路上放弃了，最终一事无成，也是因为他们缺乏坚持的精神。而很多人哪怕饱经磨难，最终也依然坚持不懈，才会获得成功，获得自己想要的结果。所以说，朋友们，不要再抱怨命运不公，与其徒劳无功地抱怨，我们不如主动反思自身是否有哪里做得不好，也反思自己是否需要提升和完善。正所谓金无足赤，人无完人，每个人都是普通而又平凡的，而不是所谓的神仙，更不是无所不能的上帝。既然如此，我们就要学会坚持，在无数次失败之后再一次鼓起勇气，站起来，奋勇向前。尤其是在通往成功的道路上，各种各样的失败更是常见的绊脚石。面对失败，一蹶不振意味着坠入永恒的深渊，鼓起勇气咬紧牙关坚持下去，意味着战胜失败，踩着失败的阶梯奋勇向前。这样一来，成功才会属于我们，我们也才能成功地战胜磨难，赢得人生中更多成功的契机。

坚强不屈，才能最终战胜逆境

万丈高楼平地起，在如今这个时代已经不是什么新鲜事，尤其是大城市里，简直成为钢筋水泥的森林，到处都是高楼大厦，让人应接不暇。不懂建筑的人一定很奇怪，几百米高的楼，是如何屹立不倒的呢？实际上，这都是钢筋水泥的功劳。如果没有钢筋水泥，那么高的大楼是无法在坚固的地面上扎根的。其实不仅高楼大厦要在钢筋水泥的支撑下顶天立地，做人也同样如此，要有硬骨头，坚强不屈，才能最终走过人生的坎坷挫折，战胜逆境，迎来人生的顺遂如意。

曾经有位名人说，一个人唯有经历逆境，才能成就伟大的一生。这话非常有道理，人们只有在人生之中经历逆境，才能不断地成长和崛起，如果人人都是温室里的花朵，又如何能够迎接风雨泥泞，最终从容走过人生的道路呢？看过古树的人都知道，哪怕是一棵树的成长也绝不是一帆风顺的，那些历经沧桑古树，总是遭遇各种各样的磨难，有的甚至被雷电劈中，树干都被烧焦了，能够藏进去好几个人，但依然艰难地、不遗余力地成长。如果没有顽强的生命力，它们又如何成为参天大树，成为历经沧桑的古树呢！人的成长也是如此，一个人要想变得强大，就要饱经磨砺，也会在一次次战胜困难的过程中不断拔高自己，强大自己，从而突破逆境，成就和成全自己。

在英国，有一艘船特别著名，这艘船是英国劳埃德保险公司特意从荷兰买回来捐赠给国家船舶博物馆的。劳埃德保险公司为何要买这艘船呢？这艘船到底有何传奇的经历呢？

原来，这艘船是1984年正式下水的，而且它的命运非常坎坷。在海上航行时，它的桅杆被风暴折断过207次；它遭遇冰山138次，触角116次；它发生火灾13次，每次都被烧得面目全非。然而，哪怕经历过如此多的磨难，它也从未辜负自己作为一艘船的使命——它从未沉没过。得知这艘船的传奇经历之后，劳埃德保险公司感到简直不可思议，因而决定带它回国，让更多的人知道它饱经沧桑的传奇经历。当然，这艘船一开始并不是举世闻名的，直到有一位美国律师来到英国参观时，在船舶博物馆看到这艘船，几乎马上就被这艘船感动了。

当时，这位美国律师也正在遭受人生的逆境，他的官司打输了，委托人也选择了自杀，因而他的心情很沉重，也不知道如何继续安慰那些失意的委托人。几乎在看到这艘船的第一眼，他就深受震撼，而且当即觉得应该让那些委托人亲眼看一看这艘船。为此，他特意拍了船的特写，还把对船的传奇经历的介绍也仔细地拍下来，挂在自己的律师事务所里。以后每次受到委托人的委托，不管官司是赢了还是输了，他都会建议委托人亲眼去看一看这艘千疮百孔、饱经磨难的船。渐渐地，这艘船的名气越来越大，世界各地的人都纷纷赶来看这艘船，因为这已经是他们心目中永远也不会沉没的船。

每一艘船在大海上航行，不可能永远平安无事，一帆风顺。每个人在人生旅途中也同样如此，不可能一马平川，永远与坎坷挫折绝缘。也可以说，没有人的人生会是顺遂如意的，大多数人的人生都要遭遇坎坷挫折，也要历经磨难，才能渐渐变得丰实厚重。所以我们必须要坚强，要如同钢筋铁骨一样傲然屹立，才能成为人生的顶梁柱。

对于弱者而言，逆境使弱者沉沦，无法战胜磨难。对于强者而言，逆境使强者坚强，踩着逆境的阶梯，不断奋勇向上。由此也可以看出，逆境是人生的必经之路，而走过逆境的人生是什么样子，则取决于我们对待逆境的态度。所以朋友们，不要再抱怨命运不公平，也不要再抱怨逆境使我们变得退无可退。其实，对待逆境，我们理应做的就是迎难而上，坚强不屈，这样我们才能在与逆境的较量中略胜一筹，也为自己赢得更多的机会战胜逆境。古往今来，很多伟大的人物都是战胜逆境之后，才取得了人生的成就。诸如司马迁在遭受残酷的刑罚后，在狱中完成了被誉为“史家之绝唱，无韵之离骚”的《史记》；曹雪芹出身于大户人家，后来家道中落，在贫病交加中，完成了《红楼梦》前八十回；人人都知道《钢铁是怎样炼成的》，作者奥斯特洛夫斯基也是在失明的状态下坚持创作，才完成了这部举世闻名的巨作……由此可见，逆境对于真正的强者而言，是磨砺也是激励，更是强者在人生中不断成长、勇敢崛起的良好契机……

从呱呱坠地的那一刻开始，每个人的脚下就都有一条路，这条路就是属于每个人的人生之路。人生之路从来不是一帆风顺的，而是崎岖、坎坷不平的。每个人走在这条路上也不都会顺遂如意，而是会遭遇很多的磨难，承受很多的痛苦，甚至感觉已经走到了绝路。那么此刻我们就要想起一句话——天无绝人之路，它告诉我们，只要我们心中怀有希望，只要我们一刻也不停地努力，我们就能挺起胸膛，意志坚定地不停前进，直到彻底战胜逆境，走入人生的柳暗花明。所以说人生的强者不是拥有权势的人，而是拥有一颗强大内心的人。希望就像内心深处的明灯，始终指引着我们朝着人生的目的地进发，偶尔遇到黑暗，我们也因为心怀希冀，绝不放弃。朋友们，就让我们坚强乐观地走好人生之路吧，要相信，成功最终属于那些坚定不移、坚强不屈的勇敢者。

第6章

吃得苦中苦才能成功，怀才不遇可能是你还不够努力

现代职场，很多年轻的朋友动辄把怀才不遇挂在嘴边，似乎这样就可以解释自己的颓废状态或者赢得他人的同情。殊不知，如今处于市场经济时代，没有任何一家公司会养闲人。所谓的怀才不遇，除了招惹他人的不屑一顾和冷嘲热讽外，根本没有任何其他的作用。因为明智的朋友知道，吃得苦中苦才能成功，而所谓的怀才不遇，很有可能只是因为当事人不够努力，抑或当事人没有摆正自己的位置而已。

注重细节，细节决定成败

人人都想出人头地，殊不知，人生难的不在于做好一件大事情，而在于做好每一件小事情。就像是汽车的生产一样，美国车制造得比较粗糙，而德国车制造工艺精细，所以最顶级的车还是德国制造的。做人也要学习德国人的精细精神，把很多细节做到极致，人生才会变得高大上起来。一直以来，很多中国人都讲究面子，爱把面子工程做好，让自己更加坦然从容。殊不知，面子工程固然重要，里子工程更重要。正所谓路遥知马力，日久见人心，如果我们只顾面子而不顾里子，那么在职场上总有一天要露怯，也因为表里不一而遭到他人的嘲笑。

随着国门的打开，国际化进程日益加快，越来越多的人意识到细节的重要性，也知道要想把事业做好，必须注重细节，从最简单的小事做起，才能让一切都水到渠成，获得成功。尤其是在激烈的社会竞争中，作为人才，要想在事业上做出一番成就，要想在工作上得到上司和领导的认可，同样要做好细节的事情，这样才能真正展示自身的实力。很多人在购买冰箱、冰柜等产品的时候，都会优先选择海尔电器，这就是因为海尔能够把细节做好，尤其是在服务方面，更是把服务做精做细。不得不说，海尔正是凭借细节取胜的，海尔人也把细节理念注入产品生产和销售服务的每一个环节。

尽管每个人都渴望拥有出人头地、出类拔萃的人生，但是如果眼高于顶，好高骛远，人生就不可能走向成功。真正伟大的人生，是把每一件平凡而又琐碎的小事情做好，那么就能水到渠成地成就不平凡。实际上，仔细想想，我们每天的生活中又有多少惊天动地的大事呢，甚至有些人终其一生，也不会遇到多么惊天动地的大事。所以只要把每天该做的小事情都做好，就能成就伟大，成就不凡。在每年的感动中国人物中，有很多人的人生经历堪称平凡，他们之中有数十年如一日往各个山村送邮件的邮递员，有坚守在山村小学教书育人的老师……他们的工作很平凡，他们的人也很平凡，然而正是从不放弃对每一个细节的坚守，坚持不懈地做好自己该做的事情，他们才能够感动中国，成为伟大的人。

作为一名志向高远的大学毕业生，在进入公司开始工作时，刘墉满怀激情和热情，恨不得马上就在工作上做出杰出的成绩，赢得领导的认可和赏识。然而，在工作一段时间之后，刘墉觉得自己每天从事的工作都很琐碎，因而大失所望，也就渐渐地懈怠了。

公司即将召开年会，领导交代给刘墉一项非常重要的任务，那就是汇总公司的各种报表，并且根据这些报表做出年度总结。领导再三叮嘱刘墉："老总会根据你的年度总结发言，所以你一定要把好关，认真核对各项报表，并且写出精彩的发言稿。"刘墉嘴上答应着领导，心里却暗暗想道："这些报表已经由财务部门核算过很多遍了，我只要把数字填充到发言稿里就行。不过就是年会么，一年一度，年年如此，有什么好说的，况且老板的发言就算很精彩，又有哪个员工能认真听呢，大家只会关心有什么年终奖而已。"就这样，抱着三心二意的态度，刘墉漫不经心地写完发言稿，交给了领导。两天之后，年会就顺利召开了，老总拿着刘墉撰写的演讲稿开始发言，突然读出一个让人惊讶的数据。原来，这个发言稿也是刘墉根据从网上找到的模板写的，而有一个数据他忘记改了。下面的同事马上开始窃窃私语，这让老总顿感脸上无光，不得不马上打哈哈弥补这个错误。然而，老总当众出了丑，不但把领导狠狠批评一顿，而且让领导马上开除刘墉。

也许是因为得到时不知道珍惜吧，失去后，刘墉才意识到工作的可贵。四处奔波找工作的他，非常懊悔自己在有工作的时候没有全身心投入，善待工作。然而，一切都晚了，只希望刘墉在找到新工作之后，不要这样粗心大意，敷衍了事吧。

可以说，刘墉之所以失去工作，完全是因为他粗心大意导致的。对于刘墉而言，他首先对待工作的态度就不端正，这也直接导致他不注重工作，而且对于工作的很多细节都不用心。要知道，现代职场竞争激烈，一个萝卜一个坑，没有公司愿意养闲人。既然如此，作为职场人士，与其对工作抱怨连连，不如投入更多的时间和精力，做好工作的细节，这样才能把工作做得风生水起。

如今，职场上流传着一句话，即小事成就大事，细节成就完美。所以作为职场人士，千万不要忽略那些小小的细节，而只顾着做好面子工程。如果说面子工程能为职场人士挣来面子，那么做好细节则能够帮助职场人士打造自己的专业形象，让职场人士变得更具有实力。

千里之堤，溃于蚁穴，很多时候，一个小小的疏忽就有可能酿成大错。在西方国家，流传着一个非常经典的故事。相传1485年，英国国王查理三世即将奔赴战场，与亨利伯爵在波斯沃斯展开决战。为此，马夫为他检查战马的情况，在钉马掌时因为粗心大意，少钉了一枚钉子。因为缺少这枚钉子，战马在急行军的过程中丢失了一个马掌，也把骑在战马上的查理三世掀倒在地，被敌人俘虏。为此，查理三世成为阶下囚，失去了整个国家。因为一个马掌上的钉子而失去了整个国家，这听起来简直匪夷所思，但是对于历史而言，这是不容争辩的事实。由此可见，细节决定成败，甚至一个马钉的细节，都能决定整个国家的前途和命运。时代发展到今日，依然是靠着细节取胜的年代，虽然再也不会有因为一个马钉而失去整个国家的事情发生，但是如今的职场竞争同样激烈，时刻都在进行着没有硝烟的战争，每一个职场人士都要更加关注细节，也为自己赢得胜利和成功做好准备。

不要重复别人的错误

人们常说，同样的错误不能犯两遍，我们也要说，别人犯过的错误，或者别人正在犯的错误，我们也同样不能犯。遗憾的是，在现代职场上，明知别人已经犯错，或者明知别人的错误已经无法弥补，而出于各种原因跟在别人身后犯错，这不是讲义气的表现，而是赔了夫人又折兵的冲动。正所谓留得青山在，不怕没柴烧。任何时候，我们都要保全自己，才有可能东山再起。假如当年项羽能够听从他人的劝说，顺利过江，那么历史也许就要重写，一切都会变得截然不同。当然，我们并不是否定项羽的英雄气概，而是说为人处世，要根据现实的情况积极地调整策略，灵活应对，最终才能取得好的结果。

虽然做人要有原则和底线，但是人生千万不要僵化。尤其是在职场上，人际关系错综复杂，无论如何，作为上司和老板都希望以效益第一，把为公司创造效益和利润作为指导原则。在这种情况下，我们一定要善意地提醒他人遵守规则，自己也要遵守公司的规章制度，从而避免触犯公司的底线。如今的职场上有很多小团体，很多人也都会加入各种各样的小团体，拉帮结派，一些年轻人也不免因为哥们儿义气，不分青红皂白就站在同事那一边。这样一来，无疑会与公司为敌，损害公司的利益，最终非但没能“拯救”同事，还牵连了自己，导致自己也丢掉工作。不得不说，这种行为是完全不理智的，会造成严重的后果，也会导致人生徘徊不前。

作为公司的新人，刘宇开始在公司采购部的老张手下打下手，一起为公司采购各种物资。很多同时进入公司的新人都特别羡慕刘宇，谁不知道采购部门是公司油水最大的部门呢，吃香的喝辣的不说，说不定还会有灰色收入呢！

一开始，刘宇对工作充满热情，立场坚定，坚决不愿意为了蝇头小利丢掉工作。然而，在和老张执行几次采购任务后，刘宇发现老张拿回扣的钱比工资多得多，不由得眼馋起来。老张巴不得把刘宇变成和自己一个战壕的人，看到刘宇动摇了，在又一次采购过程中，他分给刘宇1/3的回扣。这个钱得来容易，刘宇不由得沾沾自喜，后来他的胃口越来越大，居然不满足于得到1/3的回扣，而想和老张平分秋色了。老张当然不愿意，以前老张一个人负责采购，就是吃独食，如今让刘宇分了一杯羹，他原本就心不甘情不愿，看到刘宇还如此贪心，不由得更加气愤。就这样，老张和刘宇起了内讧，刘宇一气之下向公司提供了老张一直以来吃回扣的详细清单，不但暴露了老张，也把自己装了进去。就这样，老张和刘宇双双被公司开除了。

刘宇如果能够把对老张的检举工作放在前面，而不是等到老张分赃不均之后才举报老张，那么他就能够保住工作，也会成为一名合格的采购人员。其实，可以想象，公司之所以在老张之外再安排一个新人，名为给老张当助手，其实也是想整肃采购部的风气，从而让采购部恢复正轨。遗憾的是，刘宇明明知道老张做的是错的，却在坚持了没多久之后缴械投降，屈服于不劳而获的金钱了。这样一来，公司当然痛定思痛，在取得刘宇提供的证据之后，直接把刘宇和老张双双开除。

如今的职场，人际关系非常复杂，同事之间也充斥着各种各样的利益关系，甚至还会因为利益的纠纷，导致彼此关系紧张。对于这样的现状，作为职场人士，我们一定要谨言慎行，尤其要坚持原则，不能损害公司的利益。要知道，世界上没有不透风的墙，君子爱财取之有道，不能因为盲目追求金钱，就把不属于自己的公司财产据为己有。所谓路遥知马力，日久见人心，我们要想在职业生涯中获得长久的发展，就不能鼠目寸光，只盯着眼前的利益。

还需要注意的是，很多没有职场经验的人，会在同事对公司抱怨不休的时候躺枪。举例而言，公司举行内部竞聘，已经在公司工作了五六年的甲没有如愿以偿得到职位晋升，为此，他在进入公司3年的乙面前抱怨公司不该让才进入公司两年的研究生升上高位，这样是难以服众的。其实，甲也就是随口发发牢骚而已，作为“职场老鸟”的他当然知道如今找工作很难，如果丢掉工作，就又要开始不停面试的过程。因而，牢骚之后，甲依然该干什么干什么，而乙呢，却把甲的话完全记在心里，甚至对于刚刚得到晋升的研究生领导满肚子意见，消极怠工，缺乏热情和激情。最终，乙因为工作懈怠和疏忽，在工作上犯下大错，被研究生领导作为杀鸡给猴看的“鸡”给杀了。不得不说，这样的结果，是乙当初万万没有想到的，而一切的后果都要由乙自己承担。

作为旁观者看来，乙的行为当然很可笑，堪称职场上的无辜躺枪者。然而，乙的现象在职场上并不少见，很多缺乏职场经验的年轻人经常犯与乙类似的错误，毫无心机地与职场老人一起愤世嫉俗，结果职场老人依然好好地做着工作，而职场新人却莫名其妙地走人了。人在职场，一定要管好自己的嘴巴，无论公司的规章制度如何，只要对每个人都是公平的，就完全无可指责。所以在职场上明哲保身也是很有必要的，管好自己的嘴巴，做好自己的本职工作，主动做好自己力所能及的工作，这样对于职场上的年轻人而言才是最好的选择。总而言之，年轻人在职场上要少说多听，坚持原则，用心工作，这样才能避免跟着别人犯错误，也能避免犯别人已经犯过的错误。任何时候，实力都是年轻人在职场上最好的代言，都是年轻人真正能够在职场上站稳脚跟的资本。

职场植物人的结局很悲惨

相信很多朋友都曾经在各种影视剧上看过植物人的悲惨下场，躺在病床上无知无觉，既不能说话，也不能动一动，甚至没有思维，只剩下一副空空的躯壳。每当看到这样的情形，相信很多人都会说“与其这样躺着，死了反而是解脱”。的确，人生的意义就在于主宰自我，而一旦成为植物人，人生就会变得被动，也变得毫无乐趣可言。所以植物人的命运甚至不如死去来得更从容，也因此人们对于植物人的状态都很难接受。然而，在如今的职场上，有很多植物人存在。看到这里，也许大家都会觉得惊讶，植物人连活着都要依赖各种医疗器械的维护，怎么可能去混迹职场呢？的确，植物人是没法真正成为职场人士的，我们这里所说的植物人，指的是“职场植物人”，也就是在职场上如同行尸走肉一般混日子的人。

顾名思义，职场植物人只剩下苟延残喘，对于自己的职业生涯发展毫无规划，完全是当一天和尚撞一天钟，甚至还有些人在成为植物人之前已经变成了橡皮人，无知无觉，非常麻木，也根本没有任何主动性。可想而知，对于职场植物人而言，工作毫无前途，未来也必然是暗无天日的。其实，如今的时代发展迅猛，职场更是日新月异，如果职场人士一味地想要原地踏步，在现代的职场根本不可能实现。人们常形容生活如同逆水行舟，不进则退，职场也是如此。作为职场人士，唯有坚持努力进步，才能更好地取得进步，否则就会在时代的洪流中被远远甩下，无法保持原样和进步的姿态。

作为一家装修公司的设计师，刘志强最近觉得非常为难。原来，刘志强所在的分公司最近新换了老总，新老总对于前任老总留下来的很多装修工程持有异议。尤其是之前遗留下的很多客户都享受当时的优惠，也已经于一两年前给公司交了大额定金，如今新老总不愿意兑现这些承诺，因此刘志强也觉得非常被动。

最近，刘志强手里有个已经给公司交了一年多定金的客户要开工了，看到客户有几个减项，新老总很不乐意。他根本没看到客户也有增项，给公司多交了好几万块钱，而是觉得客户这么多减项，导致公司利润减少，因而让刘志强告诉客户“减项太多，不能享受之前的优惠了”。这样一来，客户当然觉得不乐意：“刘设计师，我们一年多前就已经给你们交了5万多的定金，就是因为你告诉我们交定金可以保留优惠。如今，你们公司内部换了分公司老总，这与我们根本没有任何关系啊。要是这样，以后还有哪个客户敢在你们这里交定金呢！都等到要装修的时候再签合同付钱就好了。”刘志强也觉得很为难，连声给客户道歉：“对不起，我也知道这不合理，但这是领导决定的，我也没办法。”刘志强始终没有想到要在公司新老总面前给客户争取利益，导致客户全都提出解约，不愿意再与公司合作了。刘志强陷入被动之中，最终反而因为退单率太高，被新老总狠狠批评了一顿。

虽然公司新换了老总，但是此前的工作都是要进行交接的。既然如此，刘志强作为下属，也要为客户争取利益，给客户合理的交代。尤其是客户出于对刘志强的信任，已经把定金都交给公司一年多了，所以哪怕刘志强作为下属不愿意得罪新上司，也要坚持原则。否则，刘志强这样既不敢在老总面前诉说真理，又无法给客户合理的交代，最终导致两头不落好，不但被老总批评，也失去了客户的信任，导致退单率攀升，给公司造成了损失。民间有句俗话，叫作甘蔗没有两头甜。人在职场，任何情况下，都不要奢望把事情做得十全十美。尤其是在涉及原则的情况下，更要坚持原则，不能失去底线。这样的职员才是有脊梁和骨气的，也才能受人尊重。

当然，除了这样不能坚持原则的职员之外，职场上还有很多种其他类型的植物人。诸如有的职员对待上司安排的工作根本不放在心上，漫不经心，不管是否完成了工作都不能第一时间向上司汇报，因而被上司批评和雪藏。不得不说，会工作固然重要，善于汇报工作更重要，唯有学会汇报工作，才能在工作上事半功倍。还有的职员与这样的职员恰恰相反，总是见风使舵，拍领导马屁，因此遭到同事的唾弃，也使得同事对他们有很大的意见。这样的人在职场上，哪怕能把领导哄得高高兴兴的，也因为与同事关系疏远，成为职场植物人，根本难以得到好的发展。

总而言之，人在职场，官大一级压死人。要想处理好与同事和领导的关系，就要把握好恰当的度。还有些员工对待领导缺乏应有的尊重，甚至在公开场合当着同事的面公然顶撞领导，固然坚持了自己做人做事的原则，也未免方式生硬，让领导很难接受。这样一来，领导当然会不喜欢他们，他们的职业前途也就堪忧了。因此，一定要学会尊重领导，与同事搞好关系，这样才能让工作更上一层楼，也为自己赢得更好的未来和更多的发展机会。

无可替代，才能具备核心竞争力

人在职场，如果随时随地被取代，那么就会成为可有可无的棋子，根本不值得老板和领导器重。反过来说，假如一个人在职场中有着不可替代性，那么这个人一定会得到公司重用，甚至连领导对他都要礼让三分。从本心的角度而言，每一个职场人士都希望自己成为不可替代的重要角色，在公司里特别突出，出类拔萃，然而实际上，要想具备核心竞争力，对于职场人士而言并非简单容易的事情。

所谓核心竞争力，就是一个人区别于他人的独特能力，这也是职场人士行走职场的资本。现代职场上，很多人都为自己喊冤叫屈，觉得自己踏实本分，却始终无法得到领导的重用。殊不知，核心竞争力并非是所谓的老实、诚实等做人最基本的品质，而是能够把一个人区别于其他人的特殊技能或者才华。举个最简单的例子而言，作为一名讲师，他的核心竞争力不是人品好，为人诚实，踏实稳重，而是博学多才，有超强的专业知识，而且他作为讲师还要能够把知识讲出来，教授给学生，从而做到传道授业解惑。简而言之，对于讲师而言，核心竞争力就是有才学，而且能把才学发挥出来，教书育人。这样，这个讲师在教师队伍中才能突出，出类拔萃，才能成为众人学习的楷模。

换而言之，对于一名销售人员而言，为人品质如何只是最基本的条件，是各行各业甚至作为一个人应该具备的基本素质，要想成为业绩突出的销售人员，同样需要具备核心竞争力，如语言表达能力特别好，而且逻辑思维清晰，能够站在客户的立场为客户解决问题，从而赢得客户的信任。当然，前提条件是这名销售人员也要具备专业知识，能够成为客户的顾问，为客户答疑解惑。如果这名销售人员对于专业方面的知识一问三不知，徒有三寸不烂之舌，也是无法顺利解决问题的。由此可见，要成为具备核心竞争力的销售人员，也要同时具备专业知识和销售技能，才能在同行中成为佼佼者。总而言之，现代社会竞争越来越激烈，各行各业都希望找到可用之才，而不用给庸才支付高昂的薪水。作为现代职场人士，我们一定要发挥自身的实力和能力，也要最大限度地提升自己，这样才能赢得他人的尊重和认可，也才能在自己的职业道路上不断进取，节节攀升。

作为出版社的总编辑，林丹的地位是不可替代的。她能文能武，不但笔杆子硬，而且在工作上也雷厉风行，把整个出版社管理得红红火火，也出版了很多在社会上影响力很大的畅销书。

在年度会议上，上级领导当着出版社所有同人的面，奖励了林丹一面锦旗和一个大大的红包。对此，有些同事心中很不平衡，甚至有的同事找到上级领导，说："我们平日里也没少干活呀，为何您不奖励我们呢？这使人觉得很不公平，我们也愤愤不平。"听到同事们的反馈，领导笑了，说："在出版社最艰难的时候，如果把这个总编交给你们当，你们会当吗？林丹所做的工作远远超出了总编的范畴，她不但把总编工作做得很好，而且整日东奔西跑，为出版社找到了广告投资，这才让出版社转危为安。我想，你们之中谁如果能拍着胸脯说，你们可以取代林丹的位置成为总编，而且维持出版社的现状，那么我愿意也给你们一个大红包，并且马上任命你们当总编。"听完领导的话，大家面面相觑，一语不发。他们都很清楚，林丹不但有才华，而且有勇气，有魄力，换作他们任何一个人，都不可能做到。从此之后，大家都对林丹心服口服，再也不因为林丹得到领导的特殊奖励而羡慕嫉妒恨了。

在一家出版社里，主编往往是不可替代的人选，尤其是林丹于公司危难之际走马上任，还竭尽全力把出版社经营得红红火火，更是没有人敢与她叫板。作为普通的编辑，也许随便去人才市场上搜罗一下，就能招聘来很多，因为他们眼下的重量与林丹根本不可同日而语。既然如此，林丹当然要得到特殊对待和奖励，这也是无可厚非的。

每个人在职场上都会面对各种各样的机会，也会经历各种挑战，承受各种压力。要想在职场上站稳脚跟，我们就必须竭尽全力展示自己的实力，表现自己的能力，这样才能最大限度地发挥自身的优越性，从而证明自己的确是名副其实的。正所谓高处不胜寒，在现实的工作中，每个人都想保住自己的位置，或者找机会更上一层楼，在这种情况下，我们更要不断进取，尤其是要培养核心竞争力，表现出自己的与众不同和不可替代，才能最大限度地把工作做到最好。

看到这里，相信有很多读者会感到疑惑："如今，在公司里位于金字塔尖的人少之又少，大多数员工都处于基层岗位，做着最普通而又寻常的工作，如何能够做到出类拔萃呢？"其实，做普通而又平凡的工作也没有关系，举个不恰当的例子，哪怕是捡破烂的人，如果把工作做到极致，也能实现不可替代。在这种情况下，哪怕我们处于普通的岗位，如果把平凡而又琐碎的工作做到最好，也同样能出类拔萃。

曾经，日本有个女孩大学毕业后去酒店应聘服务员，不想却被安排打扫客房，而且要重点打扫卫生间。对此，女孩郁郁寡欢，根本不把这份工作看在眼里，因而对待工作三心二意。没想到，她的师父当场为她示范清洁马桶的工作，在把马桶擦洗得焕然一新之后，居然拿出杯子从马桶里舀起一杯水喝下去。女孩深受震撼，从此再也不敢轻视服务员的工作，而是和师父一样，每天都把马桶清洁到可以从马桶里舀水喝的程度。最终，她成为酒店的经理，达到了事业的巅峰。

任何一项工作，哪怕再平凡，也可以做到极致。所以人在职场，不管你处于什么职位，都不要忙着徒劳无功地抱怨，而要把简单的事情做到极致，从而让自己出类拔萃，无法替代。记住，唯有当你变得不可或缺，不可替代，你才有发言的资本，你所说出的每一句话，也才会变得更有分量。

第 7 章

现在就是最好的开始，别再让成功的降临一拖再拖

拖延是人的本能，尤其是在面对有难度的事情时，人们更喜欢通过拖延来逃避事情，让自己看起来貌似有了更多选择的空间，实际上只会让事情因为被动变得更难以处理。所以朋友们，不管是面对人生还是面对学习和工作，都不要疏忽懈怠。记住，要想让成功降临，现在就是最好的时刻！

人生，不能永远等待遥遥无期的明天

“明日复明日，明日何其多，我生待明日，万事成蹉跎……”很多人都对《明日歌》很熟悉，这首警示人们珍惜时间的诗歌，是明朝诗人钱鹤滩写的，名字就叫“明日歌”。很多年轻的朋友都以年轻作为资本，总觉得一切都还来得及，认为人生还有那么多明天呢，做什么事情都有充足的时间。殊不知，在日复一日的推脱中，明天已经悄然溜走了，我们唯有把握好每一个今天，也绝不浪费每一个明天，才能抓住悄然流逝的生命，也才能在人生暮年的时候了无遗憾。否则，真正等到人生迟暮才意识到一切都悔之晚矣，未免让人不胜感慨唏嘘。

对于年轻人而言，最不该做的事情就是浪费生命。虽然年轻人有无数美好的时光，但是生命如同白驹过隙，稍不留意，就会悄然流逝。所以不要觉得生命是无限延长的，这个世界上没有人知道自己人生的长度是多少，要想让一生充实地度过，就要拓展生命的宽度，让生命变得更丰盈厚重。

我生待明日，万事成蹉跎。年轻的朋友们，再也不要因为自己年轻，就觉得自己拥有用不完的时间和用不完的机会，要知道，成功之行始于脚下。如果不当机立断展开行动，你的所有梦想和理想最终都会变成空想，导致你的人生也空虚无聊，一事无成。对于年轻人而言，最大的资本的确是年轻，但是青春经不起挥霍，人，最应该珍惜的就是生命。生命对于每个人都只有一次机会，不可重来，青春更是经不起蹉跎，唯有勤奋共勉，人生才能充实。

经历了黑色的六月，又经历了漫长难熬的等待，冯仑终于等来了大学录取通知书。这已经是他第二次参加高考了，在第一次高考中失利之后，他原本想放弃，却拗不过妈妈一定让他再试一次。这次复读高三，他整整一年都不敢松懈，终于得到了一所二流大学的录取通知书。

冯仑原本悬在嗓子眼的心终于落下来了，他发誓一旦进入大学就要潇洒地生活，再也不过每天天不亮起床与书本战斗的日子。果然，大学开始，冯仑也按下了潇洒生活的按键。大学4年过去，冯仑过得轻松自在，除了上课的时间之外，他经常和宿舍里的同学、哥们儿等一起出去喝酒唱歌，有的时候还会积攒一些生活费，去周围的城市旅游。

和冯仑一样，刘坤也是高三复读一年才考入大学的，但是进了大学之后，他丝毫不敢懈怠，而是努力用功读书，一心一意只想充实地度过这仅剩的、可以全心全意学习的时光。除了上课和吃饭、睡觉，刘坤几乎都泡在图书馆里。4年的时间过去，他不但写出了优秀的毕业论文，而且也饱读诗书，拥有很高的文学素养。为了大学毕业后能够顺利找到工作，刘坤还考过了英语八级，考取了计算机等级证书。就这样，在大四下学期开始找工作时，不同的大学生活使冯仑和刘坤拥有了截然不同的人生。刘坤早在学校举办的招聘会中就如愿以偿地找到了心仪的工作，而冯仑毕业后整整半年，都在父母的接济下四处奔波找工作，却始终没有找到合适的工作。看着刘坤成为潇洒的白领，曾经笑话刘坤不懂得享受大学生活的冯仑追悔莫及。

正如刘坤所想的，大学4年，是最后可以全心全意学习的好时光。所以对于大学的生活，刘坤非常想要挽留住，也非常珍惜，希望时光的脚步走得慢一些，再慢一些。而相比刘坤，冯仑享受的未免太早了，殊不知以现代职场上竞争激烈的现状，考入大学不是享受的开始，而是拼搏和奋斗的开始。人生，总有甜蜜和辛苦，而如何给苦与甜排序，往往决定人生不同的结局。例如，只有先苦后甜，人生才能拥有更美好的未来。与此恰恰相反，如果先甜后苦，那么人生必然局促，也因为先前的甜蜜，导致没有任何资本，也就更谈不上享受人生了。总而言之，不管是作为年轻人，还是作为年老的人，都只有珍惜时间，才能把握生命。

人生，既漫长也短暂，唯有更好地应对人生，人生才会从容淡然。相反，假如我们在前半生挥霍时间，那么必然导致后半生局促不安。所以作为年轻人，只有对人生的热血和激情还是远远不够的，毕竟很多事情不可能完全符合我们的心愿。作为年轻人，要想在人生中拥有与众不同的成就，要想吸引他人的眼球，博得他人的好感，就要付出加倍的努力，尤其是要提升对时间的利用率，这样才能在有限的时间里做出更多有价值和有意义的事情，成为人生的主宰，也真正地掌握命运。朋友们，要记住，人生始于脚下，成功更是始于你切实迈出的第一步。不管做什么事情，都不要无限拖延下去，最好的时机就是当下这一刻。

战胜拖延，努力才能事半功倍

拖延是人的本性，很多人都有拖延的习惯。尤其是如今的年轻人，生活习惯再也不是早睡早起，而是不知不觉中就变成了夜猫子，晚睡晚起。时间都去哪儿了呢？晚上入睡前，情不自禁地拿起手机，看看朋友圈，结果时间不知不觉就过去了半个小时；早晨，起床的闹钟已经响了，按掉闹钟继续睡觉，就这样，一觉睡过了头，再睁开眼睛的时候已经到了中午；在被窝里，你辗转反侧，眷恋着被窝的温暖，却不知道早起的鸟儿有虫吃，其他人早就已经开始了一天之中紧张忙碌的工作。无数的大胖子叫嚷着减肥，却无法战胜自己的口腹之欲，因而最终还是大腹便便，错过了青春美好的年华；还有的人在职场上遭遇“瓶颈”时顾此失彼，最终导致处处不讨好，反而错过了奋斗的好时机。人生之中有太多的拖延，人生之所以仓促溜走，也正是因为拖延限制了我们的发展。那么朋友们，不要再拖延了，就让成功始于足下，始于当下吧。

曾经有心理机构经过研究证实，不管是在学生群体中，还是在职场人士群体中，拖延都是一个日渐严重的现象。很多大学生进入大学之后疯狂玩乐，直到毕业考试的时候才想起临时抱佛脚，却又因为拖延导致挂科，无法顺利毕业，也延迟了走入社会的时机。在工作中，更有无数的职场人士当一天和尚撞一天钟，根本不愿意打起精神战胜拖延，因而总是无法按时完成工作，给上司和老板留下了恶劣的印象。殊不知，拖延不仅仅影响我们的学习和工作，更会导致我们做事拖拖拉拉，事倍功半。

大学毕业后，张明和刘伟这对曾经是上下铺的兄弟，一起参加面试，居然幸运地同时被一家公司录取了。

有一次，上司要去美国出差，考虑到张明和刘伟都是高才生，都很擅长英语，因而决定带着他们一起出国看看，并且让他们兼职担任助理和翻译。临行前，上司特意安排张明为他准备一份谈判时的演讲稿，又让刘伟准备了公司产品的诸多材料，只为了到美国与合作伙伴见面之后能够一鼓作气，马到成功。头一天晚上，张明因为和几个朋友聚餐，很晚才回家，困倦不已的他想到上司对英语一窍不通，因而基本不可能在飞机上要求看演讲稿，所以就昏昏沉沉地睡去，想等第二天利用飞行的几个小时赶出演讲稿。不想，上司刚刚上飞机，就问张明："张明，我的演讲稿准备好了吗？先拿来给我看看吧！"张明瞠目结舌，一时之间无言以对，只好原原本本地说出了自己的想法。看到张明如此不负责任，上司很生气，他又问刘伟的产品材料准备好没有，刘伟拿出厚厚的一沓产品材料，而且还列了一个大纲，重点阐述了产品的特点和优点，以及不可取代之处。看到刘伟对工作这么认真负责，上司赞赏地连连点头。可想而知，从此之后上司非常赏识刘伟，而对张明渐渐地不那么器重了，关系也疏远了。

在这个事例中，张明原本可以和刘伟一样，借助和上司一起出差的好机会表现自己，也尽量赢得上司的认可和赏识。遗憾的是，张明错过了这个机会，而且因为对工作态度不端正，遭到上司的否定和批评。相比之下，刘伟则更聪明，对待工作的态度也非常端正。他很清楚自己要认真处理好与上司之间的关系，也要抓住各种机会表现自己，才有可能走入上司的视野，得到上司的赏识。他是这么想的，也是这么做的，所以最终成功地让自己走入上司的眼帘，博得了上司的认可与赏识。

很多事情，一旦错过时机，再做就无法起到预期的效果了。诸如事例中的张明在被上司否定和批评之后，也可以全力以赴把工作做好，但是这样一来他的工作表现给上司留下的印象就会截然不同。最聪明的就是刘伟，能够未雨绸缪，把事情做到最好，从而使自己平步青云。要知道，对于很多年轻的职场人士而言，未必有很多机会能与上司单独相处，所以就要抓住与上司亲密接触的机会，最大限度地展示自身的能力，为自己获得成功铺平道路。

从本质上而言，很多人的拖延都是因为懒惰，既然如此，要想战胜拖延，我们首先就要战胜本能之一——懒惰，从而让自己当机立断展开行动。有的时候，人们之所以拖延还是因为畏难，把未雨绸缪做得过度了，就会变成杞人忧天。在这种情况下，与其一味地因为心生恐惧而拖延，不如马上开始行动，怀着走一步看一步的心态，反而不知不觉中就距离成功越来越近了。总而言之，一个人哪怕再努力，一旦总是拖延，就无法获得成功。所以作为现代人，要想获得与众不同的人生，做出自己的杰出贡献，就要戒骄戒躁戒拖延，从当下开始奋发向上，不管遇到怎样的困难和阻碍，都绝不胆怯和畏缩。正如一句广告词说的，成功始于脚下，朋友们，就让成功始于眼前的这一步吧！

今日事今日毕，让人生日日常新

现实生活中，很多人都觉得疲惫不堪，他们不管从事什么工作，都想不劳而获。不可否认，有些人的确是因为工作强度大，导致在工作上拼尽全力，而大多数人之所以觉得工作压力大，只是因为他们内心排斥和抗拒工作，根本不能淡定从容地面对工作，自然也会使他们对工作更加抱怨。

很多职场人士都有不同的拖延症状，有的职场人士是典型的“拖延癌”晚期患者，不管做什么事情都要推三阻四，就算此刻就可以去做，他们也宁愿发发呆聊聊天，而根本不愿意当机立断展开行动。殊不知，如今是市场经济时代，工作的节奏也明显加快，每个职场人士每天都会有新的工作任务，这也直接导致他们有干不完的活儿。最近几年职场人士过劳死的情况偶有发生，也给很多中青年职场人士敲响了警钟，甚至有人说“工作是永远也干不完的”，的确，这是至理名言。然而，对于职场人士而言，应做到既不过分追赶着工作，逼迫得自己根本没有任何时间休息，也不对工作过于懈怠，导致工作总是堆积如山。既然每天都有每天的工作，那么我们要做的就是避免透支第二天的工作，同时也要保证完成当天的工作。正所谓今日事今日毕，唯有如此，才能让人生日日常新，也才能避免工作积压，带给我们更大的压力和更沉重的负担。

很多细心的职场人士发现，有些人对待工作总是神清气爽的样子。哪怕工作量很大，他们每天也都能保持轻松的姿态。这到底是为什么呢？其实原因很简单，就是这些职场人士都很擅长安排时间，也不会把今日的工作拖延到明日去完成。千里之堤，溃于蚁穴，由此我们可以看到小小蚂蚁的伟大力量，也可以发现拖延的负面作用和影响。实际上，蚁穴溃堤绝不是一日之功，正是因为守护大堤的人没有及时发现蚁穴，才导致拖延处理问题，也使得蚂蚁的力量不断积累。当然，这是被动的拖延。然而，生活中并不区分被动的拖延和主动的拖延，因为这两种拖延带来的后果是一样的。只有极少数情况下，人们是因为不知情而被动拖延，而绝大多数情况下，人们都是在主动拖延。曾经有人说拖延是人的本能，由此也可以看出要想战胜拖延，必然要付出巨大的努力。

实际上，凡事都不像我们想象中那么难。对于拖延，只要从点点滴滴的小事情做起，戒除拖延，渐渐地，我们就能彻底远离拖延，也让人生变得更充实和高效。实际上，很多职场人士都知道，效率是成功的关键。日常工作中，总有些人看似整日忙忙碌碌，却毫无效率可言，甚至因为拖延导致失败。而有些人看起来工作轻松，却能够尽快把事情处理好，也省得工作堆积如山。总而言之，不管你有什么样的理由，都不要以拖延为借口浪费宝贵的时间和生命。要知道，一切美好的理想和梦想，唯有真正开始落实，才能变得切合实际，否则它们就只能成为空想，也必然导致人生的虚度。所以我们要把今日事今日毕变成人生的好习惯，让它伴随我们一生，也让它助力我们获得成功。

作为海尔洗衣机海外部的负责人，崔淑立刚刚走马上任，就面临着一个很难搞定的美国客户。因为在崔淑立之前，已经有很多位产品经理试图与这位客户达成合作，但是这位客户却不为所动。崔淑立偏偏不信邪，他要证明自己的能力，也要拿下这位客户为自己打响上任的第一炮。

有一天，崔淑立早晨刚刚来到办公室，就发现客户发来邮件，要求更改新款洗衣机的外观。崔淑立看看时间，发现客户的邮件是头一天晚上发到邮箱里的，也就是在美国时间前一天的早晨发过来的。为此，客户已经等待了整整一个白天，而他却在呼呼大睡，没有及时回应客户。为此，崔淑立当即决定以后要等到晚上11点再下班，这样他就可以第一时间回复客户早晨发来的邮件了，也避免了客户漫长的等待。

说干就干，崔淑立当晚就一直等到11点才下班，而且他发现与客户的沟通大多数都在晚上，也就是美国的早晨进行。这样的沟通让美国的客户觉得很方便，不再需要浪费整个白天去等待，也大大提高了崔淑立与美国客户沟通的效率。正所谓功夫不负有心人，最终崔淑立赢得了美国客户的信任，与其顺利签约。

难道崔淑立有什么过人之处吗？其实，他之所以获得成功，就是因为他能站在客户的角度考虑问题，以客户的时间为准，争取今日事今日毕。这样一来，既方便了客户，也赢得了客户的信任，还促进了交易的达成，可谓一举数得。假如之前的那几位产品经理都有崔淑立这样的敬业精神，那么他们也许早就搞定美国客户，成功签约了。

现代职场竞争非常激烈，要想成为卓有成效的职场人士，不但要具有专业技能，更要具有敬业精神，还要彻底戒除拖延，提高工作的效率。任何事情，只要是今天能够完成的，就不要留着明天再去做。因为明天还有明天的工作，而且谁也不能保证明天不会发生突发情况，导致原本的计划被全盘打乱。所以职场精英们要把工作完成在先，给自己留出机动的时间应付随时可能发生的意外情况，这样才能戒除拖延，提高工作效率，也让自己从被动变得主动。任何时候，我们都要牢记，时间就是金钱，每一个人要想在工作上取得成就，就要付出点点滴滴的努力，从而让自己越来越接近成功。

第8章

现在的你不拼命，有什么资格梦想未来

如果你如今的每一天都过得安闲舒适，那么当有朝一日你被生活逼得无处可逃时，千万不要抱怨。因为人生总是有苦也有甜，如果此刻的你不拼命，那么你就没有资格谈未来，谈梦想。也许你曾经羡慕成功者的各种自由，诸如财务自由、时间自由等，你却不知道要想摆脱“有钱没时间”或者“有时间没有钱”的人生尴尬，唯一的途径就是拼尽全力地努力。

世界上最怕的就是“认真”

相信很多“70后”“80后”的朋友都曾经沉迷于金庸、古龙、卧龙生等武侠大家创作的武侠小说，对于小说中描绘的功夫，也一定垂涎欲滴，做梦都想自己也能成为武林高手。然而，那毕竟是小说，而且其中大部分情节和武功都是想象出来的，在现实生活中不具有参考的意义。那么，在现代社会，如何才能成为“绝世高手”呢？这里所说的绝世高手，不是指武功上的高强，而是指内心强大，也能够适应现代社会的要求，从而活得从容潇洒。

对于人生，很多人都有着诸多无奈，总觉得要想获得成功就需要天时地利人和，还要有天赋。实际上，世界上最怕“认真”二字，不管做什么事情，只要认真，就能取得发展和突破。而如果不够认真，则人生就会错失良机，甚至眼睁睁地看着机会从眼前溜走。尽管有很多朋友都对人生充满抱怨，觉得命运不公，但实际上命运是很公平的，每个人之所以命运迥异，并非是天生的不同，而是因为他们在后天面对各种坎坷困境时，缺乏勇往直前、必胜的精神和信念。朋友们，一定要扪心自问：“我够认真吗？”唯有当你认真生活，拥抱命运时，命运才会善待你。常言道，爱笑的女孩运气不会太差，实际上不是女孩因为笑而变得好运，而是她们对待人生的态度，使她们得到了命运的善待和馈赠。

大学毕业后，强东没有和其他同学一样四处奔波找工作，而是回到家乡重庆，开了一家火锅店。一直以来，开火锅店都是强东的梦想，其实，很多重庆人都喜欢开火锅店，记得《舌尖上的中国》栏目中曾说，重庆人对于火锅的热爱超乎人们的想象，甚至每十个人里就有9个人在开火锅店。竞争虽然激烈，但同时也预示着广阔的市场前景，强东又是个不折不扣的火锅爱好者，当然不愿意错过。

然而，理想和现实之间总是有着巨大的差距，仅凭对火锅的热爱还不足以支撑强东把火锅事业做大做强。眼看着生意清淡，强东不由得开始琢磨起来："人人都爱吃火锅，重庆又遍地是火锅，怎样才能让自家的火锅和别人家的火锅不同呢？"有一天，几个女孩结伴来吃火锅，但是看到火锅上漂着的重重的红油，她们又打起了退堂鼓，有个女生说着"吃火锅油大，胖死了"，就站起来离开了。这句话让强东脑海中灵光一闪：如果能研发出会让女生尽情地吃也不怕胖的火锅，那么一定能吸引很多女孩吃火锅，强东决定马上展开研究。一个多月过去，强东不仅开发出无油火锅的新品，而且发明了能够去掉火锅汤底中重油的漏勺。就这样，强东的无油火锅很快在附近高校的女生中有了好口碑，还有很多爱惜身材的男生也来吃无油火锅呢！看着日渐红火的生意，强东高兴极了。

对于一个初次创业的大学生而言，经验上当然会有所欠缺，但是勤能补拙，强东就是靠着勤于思考，发明出了无油火锅和能够去掉火锅汤底中重油的漏勺，最终把自己的新品火锅发扬光大，也使店里的生意越来越红火。

实际上，强东并没有独特的天赋，他之所以能够在事业上有所起色，完全是因为他非常认真，也特别用心。不管对于职场人士而言，还是对于自主创业的年轻人而言，甚至只是想要做好生活中一件最简单的小事情，最重要的就是用心、认真。所谓世上就怕“认真”二字，就是告诉我们事无巨细，都要认真做好。

曾经，有两个销售人员去非洲推销鞋子，其中一个人觉得非洲人都不穿鞋子，因而到了非洲考察一圈就赶紧打道回府了。但是另一个人恰恰从光着脚的非洲人群中看到了巨大的商机，意识到既然所有的非洲人都不穿鞋子，那么哪怕每个非洲人只买一双鞋子，也能够销售出去大量的鞋子。为此，他选择留在非洲，也由此开拓了巨大的非洲市场。

乍听起来，向非洲人推销鞋子无异于向地处沙漠的国家销售沙子，这可不是好主意，而且很有可能碰一鼻子灰，导致事与愿违。然而，认真的人偏偏不信邪，他们知道认真是打开一切宝藏大门的钥匙，也知道唯有更认真，才能不断提升和完善自己，激发出自己的潜能和潜在的力量，从而成功地打开人生局面，让人生与众不同。现代社会，各行各业都讲究真本事，所以只会夸夸其谈的人已经不符合现代职场的要求了。要想在职业生涯中有所突破和发展，我们就要认真，而且要更加认真。

为了未来打拼，才能创造成功

很多人都羡慕职场上他人的好运气，也眼馋他人的成功。甚至有些人觉得他人一定是遇到了天上掉馅饼的好事，所以才能轻而易举就实现梦想。殊不知，我们只看到他人人前的光鲜亮丽，而没有看到他们在背后付出的艰辛和努力。人生短暂，如同白驹过隙，因而我们要分秒必争；人生漫长，长得无边无沿，我们却不能肆意挥霍生命。大多数人的成功都是迫于无奈才获得的，所以有位名人说，成功是被逼出来的，未来更是靠着不遗余力的打拼才得到的。

心理学家经过研究发现，人的潜能是无限的，而人穷尽一生所用到的能力，也只占人自身潜能的很小一部分。因而每个人都不要害怕遭遇困境，而要相信凭借自己的能力一定能超越困境，也一定能够战胜困境，从而突破和超越自己，实现自身质的飞跃。古人云，山重水复疑无路，柳暗花明又一村。人生没有绝路，很多时候看似已经没有前路，实际上还有无限的可能性。归根结底，当事人不能放弃，一定要坚持不懈，才能在人生道路上创造奇迹。尤其是在现代职场上，一个萝卜一个坑，每个人都要坚守自己的岗位，偶尔遇到困境的时候，还要努力突破自己，战胜困难，使问题得以圆满解决。从这个意义上说，说人是被逼出来的，真是毫不为过。

当然，被逼无奈，多少带着一些被动的意味。明智的朋友知道，与其被逼着努力，不如调整心态，改变思路，从而由被动变为主动，也使自己的人生有更多选择。这样一来，我们的人生态度就不再是被动的，而是积极主动的，充满生机和朝气。当然，在遇到艰难的选择时，我们也要更理智，不要总是畏惧困难，在困难面前退缩，而是要迎难而上，一鼓作气战胜困难。哪怕知道自己做出的选择会使自己陷入困境，不得不竭尽全力才能解决难题，也要给自己设定更高的界限，让自己勇于突破自我。

没有人的人生会是一帆风顺的，更多的情况下，人生要经历重重难关，也要面临很多的局限。但是没关系，现代社会提倡活到老学到老，其实就是告诉我们一定要保持积极进取的精神，从而才能不断地审时度势，顺应形势。有的时候，不但客观环境会逼迫我们坚持努力，我们自身也要给予自己一定的压力，从而使自己更加充满动力奋勇向前。自己逼自己一把，当然比被外界逼一把来得更好，至少我们会知道自己将要面临怎样的局面，也会知道自己的人生会出现怎样的境况。这样的操控感，是很多强者在人生之中都想要得到的。

现代职场上，有很多“植物人”，其中一种就是因循守旧、不愿意突破和发展自我的人。他们总是因为工作上面临难度，就恨不得直接拒绝某一项工作。殊不知，没有人是全能的，更没有人能够满足一切工作的要求。既然如此，与其躲避，不如主动迎接挑战。举例而言，如今是网络时代，也是信息大爆炸的时代，作为一名资深编辑很有可能受到传统工作模式的影响，导致不愿意接受电子媒体的出现。那么如果是一名有前瞻性的编辑，他就会意识到电子传媒是时代发展的必然，他们不会被动地被时代逼迫着去学习，而会积极主动地发展自身的能力，让自己接受新媒体的存在，从而也给予自己更多的选择机会和更好的发展前景。

1992年，方洪波以普通职员的身份进入一家美国公司，从事编辑工作，主要负责给领导编撰演讲稿，也撰写企业的相关资料。当初，公司正进入快速发展阶段，急需有人能够进行市场调研，从而给公司的发展指明方向。然而，市场调研是个苦差事，根本没有人愿意干，最终，方洪波主动请缨，要求从事市场调研。当时，就有人劝说方洪波不要自讨苦头，方洪波却觉得市场调研的工作总要有人完成，因而他只好硬着头皮承担。

实际上，方洪波对待市场调研工作并非敷衍了事，而是全身心投入。当时，因为公司的老总何享健很重视市场调研工作，所以方洪波要直接向何享健汇报成果。看到方洪波对市场调研这份苦差事这么用心和认真，何享健越来越器重他，也开始有意识地提拔他。对于方洪波而言，他之所以能够有日后的发展，与当初专心致志、脚踏实地进行市场调研是分不开的。

很多职场上经验丰富的老人都说，人在职场，一定要心明眼亮，眼疾手快，这样才能抓住千载难逢的好机会，或者抢到好机会。实际上，很多时候机会并非要通过抢夺才能得到，对于领导交代的那些苦差事，哪怕其他同事都不愿意干，也有可能是个好机会。我们必须记住，人生中没有任何一段经历是白白经历的，所以作为职场人士千万不要吝惜自己的力气，而要勇敢地毛遂自荐，哪怕付出大量的时间和精力，看似是吃亏，实际上却是捡了大便宜。

尤其对于初入职场的新人而言，对待工作千万不要挑肥拣瘦。能够拿着薪水，借助工作的机会学习和进步，岂不是一举两得的好事情吗？若干年后，你很有可能会感谢曾经的自己那么努力，那么拼命，那么不怕吃亏，对待工作也那么积极。如果在此过程中还能得到领导的认可和赏识，那就更是赚大了。需要注意的是，在完成工作的过程中，我们一定不要敷衍了事，既然做了一件事情，就要把这件事情做好，既要看重过程，也要看重结果，才能把工作做得尽善尽美。所以朋友们，不要再把“被逼无奈”挂在嘴边，很有可能某一次被逼就会成就你，让你突破自己，也提升和完善自己，最终获得成功。当然，如果能把被逼无奈变成自己主动逼自己，那么你就会突破和超越自己，也挣脱自身的囚牢，让自己在人生的广阔天地中展翅翱翔。

八小时之外的努力，让你更快成功

在如今的职场上，加班似乎已经成为常态，很多职场人士也因为没有报酬的加班而对上司和老板怨声载道。这些职场人士之所以抱怨，是因为他们原本规划的8小时之外可以尽情享乐，这也使得他们的8小时之外很空虚，很无聊，却有着伪装的快乐。实际上，回忆小时候的学习经历，我们依稀会记得一句话，即功夫在课外。很多细心的人会发现，那些学习成绩特别好、综合素质很高的同学，每天的课外生活都很充实，效率也很高。正因为如此，他们才能把课堂生活延续到课外，也才能让自己课内课外取得和谐统一，获得高效发展和大幅度提升与进步。

人们常说，台上一分钟，台下十年功。的确，这是很多人的真实写照。尤其是在演艺圈里，提起相声界的前辈，很多人第一时间就会想到姜昆老师。的确，姜昆老师的相声说得好，简直到了出神入化的程度。有一次，记者在采访时问姜昆老师：“姜昆老师，很多人都喜欢听您说相声，那么您在相声舞台下的生活又是怎样的呢？”姜昆一本正经地想了想：“相声舞台下？没有，没有其他的生活。我不管是在台上还是在台下，都会坚持说相声。”记者显然对于姜昆的回答不够满意，因而他继续深入挖掘：“那么在说相声之余，您会干些什么呢？”姜昆很认真地想了想，说：“8小时之外，我就坚持写相声，总之我的生活里都是相声。”从姜昆对记者的回答不难看出，姜昆是非常敬业的，正所谓功夫在戏外，他的人生里都是相声，也可以说相声是他最重要的生活内容。

作为职场人士，假如我们对待工作也能有这样的态度，那么可以推测我们一定会把工作做得很好。只要功夫深，铁杵磨成针，由此可见认真和勤奋努力，会彻底改变人生的命运和轨迹。所以朋友们，如果你们在工作上没有好的发展，却又在抱怨，那么一定要调整好自己的心态，进行自我反省，从容地找到出路。

人们常说，怀才就像怀孕，必须要经历长久的过程，才会因为才华突出而进入他人的视野。在职场上，如果我们凭着自身的才华和对于成功的渴望，抓住各种机会施展自己的才华，也让自己表现得出类拔萃，那么我们一定能够获得上司和领导的赏识。当然，如今的职场人才济济，大学毕业生已经不能代表一个人的能力和水平，作为应届大学毕业生要想毕业的时候找到好工作，在校期间就要不断努力提升自己的能力，更要在进入职场之后抓住青春时光，把更多的时间和精力用于提升和完善自我。诸如在工作之余学习一项技能，或者提升自己在英语及计算机方面的能力，这样等到工作上需要的时候，你就可以手到擒来，说不定还能给上司和领导救场呢，一定会让上司和领导对你刮目相看。

大学毕业后，张宇进入一家公司当了一名小职员。当然，这与张宇的雄心壮志完全不符，但是张宇也很清楚现代职场竞争激烈，工作的机会更是值得珍惜，所以他决定先踏踏实实地工作，然后边工作边提升自己，从而增加自己的筹码，让自己真正具有获得成功的资本。

才工作3个月，张宇就用辛苦积攒的几千元钱，报名参加了英语口语培训班。其实，张宇大学期间英语就学得很好，还过了英语八级呢！只不过，张宇对商务英语不是很熟练，而且对于英语口语的掌握也不够好。他想：假如有一天有机会和来自国外的客户交流，那么说得一口流利的英语就会为自己加分不少。很多一起进入公司的同事都觉得张宇是自讨苦吃，对此，张宇却不以为然，他仍坚持每天下班之后去学英语，完全不管其他同事怎么看。

有一次，一家美国公司的考察团要来公司进行考察，但是，他们比既定的行程提前了3天到来。老板急得火烧眉毛，不知道临时到哪里去找一个懂商务英语的翻译，眼看着一次合作的机会就要泡汤，这时张宇对老板说："老板，要不我试试吧！"虽然老板很怀疑这个平日里毫不起眼的张宇到底能力如何，但是情急之下也没有更好的办法，只好同意了张宇的申请。出乎老板的预料，张宇接待美国公司的考察团得体到位，英语流利，而且把很多专业术语都翻译得特别到位，博得了考察团人员的一致好评。后来，考察团经过一番考虑，与公司签订了合作合同，并且指定要让张宇担任合作项目的负责人。考虑到张宇商务英语水平很高，而且口语流利，虽然张宇做项目的经验不足，但是老板决定派一个经验丰富的老项目经理配合张宇，一起把与美国公司的合作项目做好。果不其然，张宇谦虚好学，向老项目经理虚心求教，很快就把工作做得风生水起。就这样，项目结束后，张宇在老板心目中的地位得到了大幅度提高，那些曾经和张宇一起进入公司的新人，都羡慕张宇抓住了好机会，一鸣惊人。

张宇为什么能够抓住好机会一鸣惊人呢？归根结底，是因为张宇非常勤奋，在工作之余还努力提升自己的商务英语水平，锻炼自己的英语口语能力。常言道，机会总是留给有准备的人的，张宇正是因为准备充分，所以才能抓住这个千载难逢的好机会，也才能成功地一炮走红，奠定了自己在公司及老板心目中的地位。

很多职场人士在工作中坚持明哲保身的原则，不属于自己分内的事坚决不做。实际上，在完成自身工作还有余力的情况，除了提升自我各方面的能力，明智的朋友还会主动为老板分忧解难，或者主动与同事交好，多多帮助同事。所谓聚沙成塔，也许短期内8小时之外的行为不会有显著的效果，但是随着时间的流逝，8小时之外的功夫一定会让我们受益匪浅。

走自己的路，让别人说去吧

但丁曾经说过，走自己的路，让别人说去吧。的确，现实生活中大多数人都会沉浸在他人的评价之中无法自拔，也因此影响了自己的决策。其实，每个人都有属于自己的人生之路，哪怕我们再怎么设身处地为他人着想，也不可能完全理解他人，或者对他人的情况感同身受。因而朋友们，不要再对他人的人生指手画脚，同样的道理，也不要因为别人的随意评价就改变自己的人生，对自己的人生手足无措。任何情况下，我们都要更加理解他人的辛苦，也要原谅和宽容自己。走自己的路，让别人说去吧，这样的人生才会更加从容坦然，我们也才能淡定自若地走好自己的人生之路。

毫无疑问，人人都渴望在人生之中获得成功，受万众瞩目。然而，既没有人能够帮助我们获得成功，也没有人能够阻止我们获得成功。一个人要想成功，最重要的不是借助外界的力量，而是要倚靠自身的不断努力，坚持奋斗和进取。任何时候，当别人不知轻重地对我们的人生指手画脚时，我们唯一需要做的就是坚持自我。我们或许可以借鉴他人的意见，但是不能轻易就采纳他人的意见，或者对他人言听计从。记住，只要你相信自己，那么就无人能够阻止你获得成功。

在还是个穷小子的时候，普利策就很不安分。有一天，他与其他人一起交了钱，跟随一个中间人乘船去甘蔗园工作。然而，小船只把他们带到城外48公里处就弃他们而去，一去不返了。这时，普利策才知道上当了。愤怒之余，他当即提笔写了一篇报道，揭露骗局，也防止更多的人上当受骗。出乎他的预料，《西方邮报》选中了他的这篇报道，刊发了。普利策兴奋不已，这是他第一次刊发新闻稿，从此他有了一个伟大的梦想，那就是成为新闻记者。得知普利策如此不切实际的想法后，身边的人都奉劝他要老实本分。因为在他们心中，没有读过几天书的普利策，无论如何也不可能成为记者。然而，普利策依然坚持自己的梦想，他一定要成为新闻工作者。

从在《西方邮报》上刊发第一篇新闻报道开始，普利策就开始坚持不懈地写稿件。他主要给一家德文报刊供稿，因为他眼光独到，文笔犀利，渐渐地，越来越多的报社编辑注意到普利策的存在。有一次，《西方邮报》面向社会招聘记者，普利策参加了面试，居然被录用了。想到自己从此以后就是正式的新闻记者了，普利策简直欣喜若狂。他这样评价自己：“我作为一个流浪汉，一直以来都是霉运当头，如今居然被选中成为记者，这简直就像一场梦。”

如果不是因为一直以来的坚持，普利策很难从颠沛流离的流浪汉摇身一变成为《西方邮报》的新闻记者。普利策之所以如此幸运，不是因为命运眷顾他，而是因为他非常勤奋和努力，所以才能抓住机会，让自己获得成功。

对于任何人而言，成功的道路都不是一帆风顺的。成功的道路充满坎坷，很多人并非缺少天赋，也不是不够努力，而是因为他们在做事情的时候总是过多地关注他人的看法和评价，也因为他人说三道四就轻易改变自己。要知道，别人哪怕再设身处地，也不可能完全了解我们自身的情况和苦衷，所以朋友们，千万不要被他人的唾沫星子淹死，而要在深思熟虑之后坚持自己的选择，也要坚定不移地走好属于自己的人生之路。

虽然人人都对但丁的名言耳熟能详，但是在现实生活中，真正能够坚持走自己的路，不管别人怎么说的人却少之又少。从说到到做到之间，还需要漫长而又艰难的过程。我们每个人都要清楚一点，那就是我们可以掌控自己的人生，而无法控制他人的所思所想。要想在人生路上始终目标坚定地前行，我们就要首先确定人生的方向。就像船只在茫茫的大海上航行一样，唯有始终向着灯塔的方向，才能回归港口。人生也是如此，就像在漫无边际的大海上，我们唯有风雨兼程，勇往直前，才能最终到达成功的彼岸。

我们每个人都要坚定信心，拥有顽强的意志和坚定不移的信念。不管他人如何反对，外界的环境多么恶劣，更不管人生的道路多么坎坷崎岖，我们要做的就是坚定不移地走好属于自己的人生之路。

人人都有梦想，坚持梦想的道路却很难。然而，梦想却能为我们的人生提供强大的力量，帮助我们不断地奋发向上，勇往直前。人在职场，也许我们会因为遭遇他人的伤害而颓废沮丧，但是只要我们坚持努力，就会变得坚强无畏。记住，朋友们，没有任何人能够阻止你们获得成功，只要你们足够努力！想想那些从石块底下探出脑袋来的小草吧，野草的生命力尚且如此顽强，更何况是我们呢！相信自己，你就一定能够做到！

职场之轻，你被伤了吗

在《生命不能承受之轻》中，米兰·昆德拉讲述了一个含义深刻的故事。为了从大臣们之中选择最力大无穷者，国王特意让大臣们展开比赛，看看哪个大臣能把一根轻飘飘的鸡毛扔到高墙那边。大臣们无一例外使出浑身的力气扔鸡毛，然而鸡毛飘来飘去，就是不愿意飘到高墙那边。这时，最后一位大臣走上前去，拿起一只鸡，扔到高墙那边。他几乎毫不费力就达到了国王的要求。正当其他大臣都对他“投机取巧”的行为表示质疑时，他笑着说：“我既然能把一整只鸡都扔到高墙那边，一根鸡毛对我来说当然不在话下了。”实际上，这个大臣未必真的有力气，只是因为他拥有智慧，所以最终才能凭借智慧取胜。米兰·昆德拉通过这个故事告诉人们一个观点，那就是不要总是误以为重是最难扛起来的，很多时候，轻反而是人们更加无法面对的。在整部作品中，米兰·昆德拉为人们讲述了很多关于轻的故事，也引导人们更重视生命中的轻。

其实，现代职场上人际关系复杂，也会存在很多不能承受之轻。人在职场，千万不要一味地盯着所谓的大事看，而要更加重视小事，更加举重若轻，解决点点滴滴的小问题，最终让自己在轻的世界里活得更好，也让职场与人生的道路不断拓宽。

如今，很多职场人士对工作都疏忽倦怠，他们总觉得自己时运不佳，因而提不起精神对待生活和工作。殊不知，倦怠在职场上就像重感冒，不但会影响自身的工作状态，也会传染给其他同事，导致影响办公室里的工作氛围。所以作为职场人士，我们一定要打起十二分的精神，千万不要因为一时的疏忽和倦怠，导致工作上出现纰漏，使得一切工作陷入困境，人生变得止步不前。

作为一家销售公司的业务骨干，刘猛每个月的销售业绩都在公司里名列前茅，因而他也很快就得到晋升，成为销售部门的主管。原本，刘猛每天工作都紧张而又忙碌，非常充实，但是在成为主管之后，他的工作突然变得清闲，很多业务都不需要亲自去跑了，他也就渐渐习惯了动动嘴皮子指挥下属的方式。

和刘猛同时晋升为另一个区域销售主管的张主管，却依然每天都忙忙碌碌的。有的时候，张主管还会和下属一起跑业务，熟悉客户。对此，刘猛不以为然，他对张主管说："你既然都已经得到提拔了，为何还要和业务员一样辛苦忙碌呢！况且，咱们不在其位不谋其政，与其把自己降职成业务员，不如学学怎么当好管理者呢！”张主管对此只是笑一笑，说：“虽然我们已经成为主管，但是销售工作的特殊性，使我们必须更加重视实战。否则，市场的情况瞬息万变，如果我们根本不了解市场行情和销售状况，又如何能够给予业务员更好的指导呢！我还准备去学习销售心理学呢，我觉得只有把销售工作做得扎实，我们才能做好销售的管理工作。”对此，刘猛不以为然，他打定主意要成为合格的管理者，也就不再关心销售业绩的实际操作了。

一段时间之后，总公司要在外地拓展分公司，急需提拔几名分公司总经理走马上任。毋庸置疑，刘猛和张主管都报名了。但是出乎刘猛的预料，张主管如愿以偿被派到分公司，荣升总经理，而刘猛则落选了。原来，开拓新市场需要进行新人培训，前期最重要的任务就是为公司培养优秀的销售人才，刘猛因为长期以来脱离实际的销售工作，导致对销售业务不熟练。而张主管则一直在钻研销售业务，尤其是学习销售心理学之后，他的业务能力更加精进，也因此能够给予员工切实有效的指导，所以张主管所在的部门也是公司里销售业绩最高的。正因为如此，张主管才能被派到分公司开拓市场，这与他的努力进取是分不开的。

任何人要想在职场上取得发展，都要不断激励自己努力奋进。事例中的张主管无疑是做好准备的人，所以他才能获得更好的发展，也才能在人生道路上不断奋进。相比之下，刘猛则一下子从忙碌到清闲，对待工作的态度也一百八十度大转弯。这恰恰是很多职场人士都会陷入的误区，总觉得职位的晋升给予了他们更清闲的工作。殊不知，晋升并不意味着可以彻底放松，而恰恰意味着必须承担更多的责任，肩负起更沉重的使命。所以在晋升之后，每一位管理者首先需要做的就是提升和完善自己，从而让自己更上一层楼，拥有更多的资本，赢得更多的机会和选择。

常言道，生活如同逆水行舟，不进则退，职场也是如此。很多人都感受到如今的职场上竞争激烈，每个人都像逆流而上的小舟，一旦停滞不前，马上就会退步，而唯有坚持奋斗、精益求精，才能保持进步的态势。所以朋友们，不要再抱怨人在职场，面临着巨大的压力，而要相信压力能够转化为动力，也能够逼迫我们不断地激发潜能，成就自我。所以从现在开始就主动负重吧，唯有负重前行，我们才能最大限度地发挥自身的能力与实力，甚至做出让自己都感到惊喜的成绩。我们要确信，我们比自己想象中更伟大，更坚强，也能够承担起更重要的责任，肩负起更伟大的使命。朋友们，一定要记住，相信自己，你就能够做到最好，做到最强大。

第9章

积极完善自己，现在吃点苦未来才会甜

如今，时代的发展速度令人瞠目结舌，真正实现了日新月异。尤其是对于年轻人而言，有太多的知识需要学习，有太多的新生事物要接受。逆水行舟，用在如今的时代最恰当不过，这是因为不进则退已经成为现实。要想保持原地踏步，我们一味地停留在原地是不够的，还要让自己保持进步的速度能够跟得上时代的洪流。否则，一旦进步的速度没有时代的洪流快，我们就会被远远甩下。在这种情况下，想要进步则更加困难，就像小学时期经常做的让人抓狂的数学应用题，在一个容器内，入水的速度必须比出水的速度快，才能涨满水池。

有好规划，做好计划，打造职业前途

人生需要有目标，才能更奋勇向前，职场上同样如此。很多人一生之中浑浑噩噩，导致人生空虚，根本无法获得充实的生活。而有的人一生之中风风火火，从不浪费一分一秒，也的确做出了让人瞩目和羡慕的成就。如果说人生是有限的，那么职业生涯更是有限的。从呱呱坠地到成年进入社会之前，孩子们一直在学习和充实自己，而职业生涯的真正展开，是在他们走出大学校园之后。初入职场的年轻人，往往缺乏经验，需要不断地充实和完善自己，才能通过学习取得进步，也才能在工作上有更好的表现。

人生经验丰富的朋友会知道，人生需要目标，否则就会像船只在大海上失去方向一样，不知所终。要想在职场上出人头地，我们同样要为自己设定方向，从而做好职业规划，打造自己的职业前途。很多年轻人对于自身的发展都毫无目标，殊不知，这样是导致浪费时间的罪魁祸首。等到人到中年再回头去看，我们就会发现以前的辛苦和努力都白费了，这是因为人生从来不会因为任何事情而被耽误，时间的脚步嘀嘀嗒嗒，也从不为任何人停息。既然如此，我们就要珍惜短暂的青春时光，也要利用宝贵的青春努力奋斗和打拼，争取为自己在在职场上赢得一席之地。

只有明确职业发展目标，我们才能有的放矢提升和完善自己，也才能给予自己更多的机会，争取有更多的选择。当然，职业生涯的规划不能一味地从功利心出发，而要根据我们自身的兴趣爱好与特点优势，也要根据我们所学的专业，从而才能给自己准确定位。当然，这一切的前提是必须了解自己，知道自己的优势所在。古人云，不识庐山真面目，只缘身在此山中。很多时候，我们并不了解自己，也因此人们才说每个人最陌生的就是自己。所以我们要客观衡量自己，也要认清楚行业与职业的特点，从而做出明智理性的选择，给予自己更长远的发展规划和人生前景。

当然，良好的职业规划并非是任性而为。概括起来，良好的职业规划要符合以下四个方面的要求。第一，职业规划要切实可行。如今，很多职场人士好高骛远，对于自己的未来看似满怀信心，实际上是不知道天高地厚。细心的朋友都有过这样的体会，即当一个目标是自己努力之后实现的，自己才会鼓起信心和勇气朝着目标奋进。然而，当一个目标过于远大，哪怕竭尽全力也不可能实现，那么大多数人都会因此而放弃实现目标，最终破罐子破摔。由此可见，制订职业目标要把握好适度原则。第二，职业生涯的规划要符合时间的规律和人生的节奏。考虑任何事情时，我们都要把握好时间点。如果对于职业的规划不符合时间的规律，那么就很难获得成功。当然，对于时间的把握并非一成不变的，而是要审时度势，尽量争取把事情做到最好。第三，制订职业发展计划时，一定要实现可持续性发展。如今是知识大爆炸的时代，一个人哪怕从大学校园里获得再高的学历，也要保持学习的好习惯，从而让学习事半功倍。正所谓活到老，学到老，唯有始终保持学习的好习惯，人生才能持续充电，动力满满。第四，制订职业规划还要讲究适应性。一切职业规划都要不断调整，以符合现实的情况。整个世界都处于日新月异的发展变化之中，我们更要根据事情发展的形势，最大限度地发挥自身的实力与能力，才能如愿以偿获得发展，获得成功。

正在读大四的静静，因为学习成绩优异，被学校送去美国交流留学。当然，她到美国学习的依然是自己的本专业，即生物技术，但她在美国的时间非常短暂，只有不到一年的时间。学习结束后，静静意犹未尽，很想继续留在美国深造。为了实现自己的梦想，她不得不全力以赴考取了美国大学的研究生。

就这样，静静如愿以偿地留在了美国。然而，研究生的学习也很快就要结束，静静面临着进退两难的困境。她很想回国，如果留在美国继续读博士，她很担心会因此而错过国内一片大好的就业形势。思来想去，静静无法做出决定，尤其是她还面临着一个千载难逢的好机会，即作为一家美国公司派到中国的科研人员，享受更高的待遇和更好的福利。在与父母商量之后，静静决定放弃读博，而加入美国公司开始工作。半年之后，静静就被派回国内常驻，终于如愿以偿地和父母团聚了。当然，在工作之余，她也注重提升自己的学识，虽然她没有读博，但是她凭借着勤奋努力，很快就成为公司里的佼佼者。

静静对于自己的人生是有明确目标的，不过在职业生涯规划上，她出现了犹豫不决的情况。不过，静静没有过多纠结，而是马上整理清楚自己的思路，知道了自己应该何去何从。她放弃读博，加入美国公司工作。后来，她如愿以偿被派回国内常驻，不但有着外资企业的优渥待遇，而且得以与父母团聚。总而言之，静静是非常理智的新时代女性，也很注重自我提升，相信她未来的职业发展道路必然一帆风顺。

现代职场的竞争异常激烈，大学生从走出校园的那一刻，就面临着大学期间所学的知识已经全部过时的窘境。所以从这个意义上说，走出大学不是学习的结束，而是人生更长的学习阶段的开始。一个明智的年轻人不会在走出大学之后彻底与学习绝缘，而是会告诫自己更加认真努力，从而提升自我，也完善自我。越是在春风得意马蹄疾的时候，年轻人越是应该不断警醒自己，从而使自己始终保持进步的姿态。要知道，时代的发展日新月异，职场的情况日益严峻，唯有让自己变得更强大，始终从容，年轻人职业发展才会顺利，也才会拥有美好幸福的未来。

爱上你所从事的工作

每当被枯燥乏味的工作折磨得百般无奈时，人们总是非常痛苦和纠结，也抱怨命运不公，不给他们机会从事他们喜欢的工作。实际上，这个世界上除了极少数人之外，大多数人都不能从事自己的所喜爱的工作，那么就要调整自己的心态，说服自己干一行爱一行。这就像是我们面对客观外界的态度，既然无法改变客观外界，那么我们只有改变自己，才能与外界的一切和谐友好共处。人在职场，只有明白这个道理，才能全身心投入工作，从工作中挖掘出更多的乐趣。

对于职场人士而言，干一行爱一行是一种美德，也是非常优秀的职业品质。现代社会发展的速度越来越快，人们在生活和工作中都面临着窘境，也承受着更大的压力。其实，随着高等教育的普及，用人单位面临的不是找不到人才，而是找不到合适的人才。也许很多年轻人都有着高学历，但是他们却因为心浮气躁，而缺乏对待工作脚踏实地的精神。也因此，干一行爱一行在职场上显得弥足珍贵。作为年轻人，要想在职场上有所发展，就要调整好心态，告诉自己一切都是命运最好的安排。对待自己的工作，哪怕不是发自内心地喜欢，也要更加积极主动，全身心投入做好本职工作，才能不断提高自身的专业技能，具有爱岗敬业的精神，最终成为职场上的高精尖人才。试想，假如一个人根本不热爱自己的工作，又如何能够集中所有的精力把工作做到最好呢?

干一行爱一行，很像那些日久生情的爱人之间感情稳固一样，因为我们与工作之间经历了长期的磨合，才渐渐生发出对工作的爱，所以我们也会与工作融洽相处，最终激发出自身的潜能，把工作做到出类拔萃。还需要注意的是，除了热爱本职工作之外，年轻人更要调整好心态，从而与同事、上司友好相处。如今，很多年轻人都是独生子女，习惯了在家里衣来伸手，饭来张口，也因此他们与他人相处时往往以自我为中心。然而，我们必须意识到，哪怕在家里是不折不扣的“公主”或者“王子”，一旦走出大学校园，走入社会，成为职场上的一员，我们就要与他人搞好关系。哪怕我们看上司或者同事不顺眼，也要反思自己，从自己身上找原因。尤其是很多从事销售工作的人，有更多的机会与脾气秉性各不相同的客户打交道，就更要按捺住自己，以极大的耐心和忍耐力，用心服务客户。要知道，不管情况如何，一旦我们退缩不前，就会失去出路，也会导致成长和发展受到阻碍。

作为一家大酒店的小厨师，马波很清楚自己的身份和地位，因而在工作中被大师傅甚至是服务员批评的时候，他总是满脸堆笑，怀着谦虚的态度对一切批评建议照单全收。马波没有什么特长，只能从事最简单的工作，也没有自己的拿手好菜，所以他在酒店里始终默默无闻。

一个偶然的机会，马波自己研发出一道蜂蜜烤翅。这道菜在家宴中得到了亲戚朋友的交口称赞，马波不由得萌生出一个想法，即把这道菜作为主菜，在餐厅里推出。当然，这必须先经过酒店经理和各位大厨的考核。为了通过考核，马波精心准备，在一连半个月的时间里都不停地研究菜式，并且进行微调。最终，马波确定了能够给予菜肴最佳风味的调味料比例，而且把鸡翅腌制的时间也控制得非常精准。果然，菜品得到了酒店经理和大厨们的一致好评。后来，有位贵妇人来酒店用餐，对蜂蜜烤翅赞不绝口，还特意约见了马波。原来，这位贵妇人是一家家族企业的掌门人，有意向投资开餐厅。她后来真诚对马波发出了邀请，还承诺将会给予马波高薪。

作为一家大酒店里的小厨师，始终默默无闻做着简单工作的马波，相信一定会在某段时间里觉得人生无望，也看不到前途和出路。然而，这样的沮丧情绪只是一闪而过，马波很清楚自己要想出人头地，就必须有拿手好菜，这样就相当于一个技术人员有了拿手绝活，当然不会被取代啦。

现代的职场人才济济，竞争激烈，好的工作机会少之又少，而想要找到好工作的人却挤破了脑袋。其实，企业永远都缺少优秀的人，那么为了给自己赢得更多更好的工作机会，我们与其一味地抱怨，不如当机立断展开学习，提升和完善自我。归根结底，职业生涯的发展绝不仅仅以站稳脚跟为目标，每一个合格的职场人士都要发展自身的核心竞争力，从而让自己变得不可取代。这里，我们不得不阐述核心竞争力的意思。所谓核心竞争力，就是我们区别于他人的与众不同之处，也是我们的价值所在。拥有核心竞争力的人才能为自己争取到一席之地，也才能不断拓展职业道路的宽度，让自己的人生更充实，更出类拔萃。

当然，时代在发展，哪怕是在相同的岗位上，随着时间的推移，岗位要求也在不断地发展变化。不管我们处于什么样的岗位，都要争取把本职工作做好做精，也要努力提升自己的素养和能力，从而与时俱进，不断学习，让自己符合岗位的需要，也突破和超越自我，获得更好的发展。

边工作边学习，才能与时俱进

有专家经过研究发现，几十年前的大学生可以凭借大学里所学到的知识，立足本职工作几十年的时间。当时，岗位的发展就像是蜗牛，慢慢吞吞的。而在当今，大学生几乎一出校门就面临着所学到的知识过时的窘境，这是由现代社会发展迅猛，任何行业和职位的发展也日新月异导致的。不可否认，如今是知识大爆炸的时代，知识更新速度很快一个人要想做到与时俱进，就要把自己置身于时代的洪流之中，始终保持进步的姿态。

从这个角度而言，离开大学校园绝不意味着学习的结束，而是意味着新的人生阶段学习的开始。当然，和学校里主要从事知识的学习不同，年轻人在走上工作岗位之后，要更加注重提升自己的职业能力，诸如具备专业技能，掌握工具学科等。在这个世界上，人人都渴望获得成功，然而成功从来没有捷径。作为新时代的年轻人，一定要意识到，新时代的成功需要具备学习的能力，从而让自己实现可持续性发展。否则，如果我们总是仗着在学校里学到的知识行走社会，又如何能如愿以偿获得发展，有所收获呢！

毫无疑问，任何一个上司或者老板，都希望招聘到能够独当一面的人才。如果公司或者企业里的每个员工都能做好自己的本职工作，那么公司或者企业的运转自然会效率倍增。遗憾的是，很多成年人都与孩子对待学习一样，对待工作也经常三心二意，因而导致工作上效率低下。反过来思考，我们也不难得知，要想使自己成为职场上炙手可热的人才，我们就要努力提升自己的专业技能，也培养自己爱岗敬业的精神，并且要在工作的过程中始终坚持学习，从而使自己具有可持续发展能力，这样才能让自己处处受人欢迎，也真正做出让人瞩目的成就。

大学毕业后，倩倩幸运地被一家大公司选中，担任总经理秘书的职务。虽然倩倩在大学期间是学习中文专业的，但是刚刚工作的她缺少实践经验，所以在工作上难免磕磕绊绊，也会不小心犯错误。有一次，倩倩与总经理沟通，听出来总经理觉得她的文字能力还有待提高，为此，倩倩当即开始阅读很多文学作品，培养自己的语感，也争取让自己在未来能够为总经理写出精彩的发言稿。

经过一段时间的勤学苦练之后，倩倩觉得自己对于文字的运用越来越熟练。眼看着就要举行年会了，总经理让倩倩为他写一份发言稿，倩倩很快就写完了。看了倩倩的发言稿之后，总经理不由得拍案叫绝，连声夸赞倩倩进步很大。当然，这件事情让倩倩意识到自己不能一味地吃老本，而要积极主动地学习，从而使自己的职业发展有更广阔的空间，也让自己的人生拥有更多的可能性。为此，倩倩又开始学习韩语。一年多之后，公司要与韩国公司合作，临时找不到合适的商务翻译，倩倩为总经理解了围，还得到了韩国公司代表团的一致好评呢!

作为一个小小的文秘，倩倩并没有满足于完成自己的本职工作，相反，她很清楚任何机会都是转瞬即逝的，也意识到要想获得好的发展，就要坚持认真努力地学习。所以朋友们，不要再因为找到一份好工作就沾沾自喜，毕竟长江后浪推前浪，很多时候那些刚刚毕业的年轻大学生比我们更有冲劲和闯劲。因此，就让我们从现在开始努力吧，要记住，没有任何一份工作是铁饭碗或者金饭碗，现代职场上，每一份工作都是泥饭碗，都是需要我们坚持努力，用心工作，才能保住的。

有些心思狡猾的职场人士，在工作上根本不愿意付出所有的努力。他们总是保持七八分力气，而不想竭尽全力。实际上，这是他们的狭隘心思导致的，因为他们觉得如果自己把工作做得又快又好，那么上司就会给他们安排更多的工作，正所谓能者多劳，却偏偏被他们理解为吃亏上当。

很多人对待工作时都吝惜力气，总觉得自己不能一味地付出，而要让付出与汇报成正比。殊不知，没有任何事情是白白经历的。当我们做得更多，哪怕无法得到更高的报酬，我们也能够增加自身的经验，从而让自己开阔眼界，也提升能力。要记住，工作对于我们的回报绝不仅仅是微薄的薪水那么简单，一切的经验、见识和感悟，都是比薪水更重要的收获。当我们端正态度，坦然面对工作过程中的额外付出，我们也就真正地成熟起来了。朋友们，今天，你学习了吗？如果没有，那就赶快拿起书本吧，开卷有益，相信哪怕你看的是闲书，也能从中有小小的收获。当然，如果你目标明确，很清楚自己想要什么，也当机立断展开行动，那么你就能驾驭自己的人生，也能够通过学习不断充实和完善自我。记住，你的价值取决于你的努力，而用人单位对你的态度，又恰恰取决于你的价值。从现在开始，努力让自己变得分量十足吧！

学习竞争对手，让你实力倍增

曾经有人说，看一个人的底牌，看他的朋友；看一个人的实力，看他的对手。的确，对手是最能够代表我们实力的人，因为只有实力相当的人才能称为对手。现实生活中，如果我们总是与失败者为伍，尽管我们能够得到优越感，但是我们的能力却始终在退步，而无法得到提升。这是因为失败者蒙蔽了我们的感觉，让我们误以为自己足够强大，也非常厉害。实际上，人是有惰性的，需要有来自外界的力量时常给自己敲响警钟。而强壮有力的竞争对手，恰恰代表了我们所处的水平和层次，尤其是当竞争对手比我们的实力略强时，他们甚至还会激励我们不断进步，也让我们看到自己的弱点和弊端，从而让我们不断积极进取，最终获得成功。

我们一定要避免心胸狭隘，而要心怀广阔。还记得在武侠小说中经常看到的描述吗？一位绝世高手苦恼地四处寻找对手，甚至在金庸笔下，周伯通因为打遍天下无敌手，不得不用自己的左右手交战，以此提高自己的武术技能，让自己变得更强大。苏轼在一首词里写道："唯恐琼楼玉宇，高处不胜寒"。的确，人有至高的地位，甚至达到没有对手的程度是非常糟糕的事情。记得在前段时间热播的《摔跤吧，爸爸》中，为了给一双女儿找到训练的助手，爸爸可谓煞费苦心。也为了让女儿们见识到人外有人，天外有天，爸爸甚至还不顾他人的异样眼光，带着女儿们四处参加比赛，让如花似玉的女儿与那些男人在一起摸爬滚打，争夺比赛的胜利。也像是孩子们参加考试，很多父母对于孩子考试都有一个误解，总觉得孩子一定要考一百分才好。实际上，一百分也许意味着孩子们对于知识点都掌握了，然而更可贵的是，孩子们在与试卷较量的过程中暴露了自身的缺点和不足，因而积极弥补，这样在下一次考试中才能游刃有余。归根结底，对于不同类型的竞争对手，我们要想获得进步，最好的办法就是反思自身，也积极主动地学习竞争对手，从而不断提升自己的实力。

人在职场，不要惧怕任何竞争。要知道，没有人可以永远当套中人，避免一切的竞争与竞赛。既然最终的竞争不可避免，我们何不积极主动地迎难而上，也更早地暴露自身的缺点，从而帮助自己获得成长和进步呢！需要注意的是，人们对竞争对手的理解往往是狭义的，觉得所谓的竞争对手就是特定的，甚至是对自己怀有敌意的人。其实，广义的竞争对手概念很广泛，如我们参加一次比赛，或者挑战自己，也或者是与他人的合作。总而言之，只要是能促进我们提高自身能力与水平的方式，都是对我们有益的。在与他人的对抗中，我们通过向他人学习获得提升；在与自己的较量中，我们通过暴露的缺点卓有成效地提升和完善自己。当我们在一次又一次的竞争中变得更加强大，我们也就离成功不远了。

天宇高中毕业没有考上大学，因为家境贫困，他也没有选择复读，而是与同村的孩子一起去深圳打工。在电子厂里，天宇意识到生存的残酷，也很懊悔自己高中阶段没有争分夺秒地认真学习，所以才会落得今天的下场。在繁忙的工作之余，天宇开始学习文化知识，提升自己。为了在工作上有更好的表现，他还特意参加了技师的考级。

有段时间，公司里举办了技术比赛，鼓励技术熟练的老工人积极参与，还设置了丰厚的奖品。对此，天宇非常积极，他想借此机会一鸣惊人，也由此得到晋升的机会。天宇很清楚，自己不可能永远都是流水线上的一颗螺丝钉，为此，他更加勤学苦练，有的时候其他同事都下班了，他还会来到车间里主动加班，练习自己的技能。

在经过一段时间的苦练之后，比赛的日子终于到来了。全场几千名职工，被分布在不同的车间里参加或者观看比赛。在经历了几轮比赛之后，天宇脱颖而出，将于第二天和几十名员工展开冠军的争夺赛。然而，天宇心中忐忑，毕竟其他员工中大部分人成绩都比天宇更好。为了战胜他们，天宇还调看了相关人员的比赛录像，从而认真仔细地研究竞争对手的情况。天宇很快就发现了这些竞争对手的优点和弱点，也做到了对他们心中有数。次日，原本成绩在决赛选手中排名很落后的天宇，居然如同一匹黑马一样接连打败了很多选手，一路走进了前三甲。眼看着最激动人心的时刻就要到来了，天宇毫不惊慌，因为充分的赛前准备已经使他胸有成竹！果不其然，天宇成功赢得了冠军，也因此被提升为班组长，从此之后再也不用在流水线上辛苦地工作了。虽然班组长的职位不太高，但是对天宇而言却意味着进步，意味着希望和新生。

圣人孔子曾经说过，三人行，必有我师。民间也有句俗话，叫作“三个臭皮匠，赛过诸葛亮”。从这些话里我们不难得知，每个人都有自己的优点和缺点，当原本平庸的人把自己的优点发扬光大，那么他们也能表现出自身的优势，从而在各种竞赛中获得成功。常言道，尺有所短，寸有所长。尤其是作为现代社会的职场人士，我们不可能做到面面俱到，在每个方面都出类拔萃，那么就要发展自己的长处和优势，让自己变得突出。

在心理学领域，有一个理论叫作木桶理论。意思是说一只木桶最终能够容纳多少水，并非取决于制作木桶最长的那块木板，而是取决于制作木桶最短的那块木板。既然如此，我们就要发挥自身的优势，让长板变成自己的核心竞争力，而不要徒劳地弥补自己的短处，反而让自己变得被动。同样的道理，我们在观察竞争对手的时候，也要看到竞争对手的长处和优势，尤其要学习竞争对手的核心竞争力。唯有做到人无我有、人有我优，我们才能彻底战胜竞争对手。

人生如同战场，职场更是战场中白热化战斗的展开地。在职场上，人们彼此间的竞争异常激烈，尤其是在牵涉到利益关系时，人际关系会变得更加复杂，也甚至使人无法面对。实际上，聪明的朋友知道，职场上有无数强劲的竞争对手，也有很多经验丰富、值得学习的老师。一个人只要渴望进步，就总能够找到学习的榜样，当把大多数人的优点都集合到自己身上时，这个人也就变得非常强大，不可战胜了。正所谓取人之长，补己之短，这恰恰是高情商的职场人士最擅长使用的进步之道。

成为有“工匠精神”的员工

所谓工匠精神，顾名思义是工匠在从事工作的过程中，对自己的产品进行认真的雕琢，渴望自己的产品完美无瑕的精神。在曾经的农耕时代，很多产品都没有实现程序化大批量生产，因而人们不得不依靠手工做各种各样的工具、食物等，也因此工艺日渐精湛。很多对工作认真负责的工匠，孜孜不倦地追求完美，对于工作非常投入且专注。他们甚至把挣钱养家糊口放在次要位置，而把对工艺尽善尽美的追求放在首位。他们追求极致，希望做到精益求精，更加完美。为了能够保持生命力，他们还不断创新，推陈出新。

曾经有一位国家领导人在一次重要的会议上提出工匠精神，实际上，工匠精神发展到现代社会，是要求现代人对待人生也要精益求精，而不要因为急功近利，就放弃对工匠精神的追求和坚守。从这个意义上而言，工匠精神变成了一种精神的象征，而不仅仅特指工匠才具备的精神。具有工匠精神的现代人，哪怕从事最简单而又普通的工作，也依然坚持精雕细琢，把简单的事情做到极致。这种平凡中唱响伟大的精神，值得我们每个人去学习，去坚守。

作为航天技术集团的特种熔焊接工，高凤林已经在运载火箭技术研究院工作了半生。在长达35年的时间里，他一直执着于火箭发动机的焊接工作。众所周知，火箭发动机是火箭的心脏，而高凤林的工作就是焊接火箭的心脏。在他精湛的焊接技术下，包括送嫦娥卫星奔赴月球的长征三号甲系列火箭在内，130多枚长征系列运载火箭顺利升空。高凤林在焊接生涯中，曾经挑战过焊接0.08毫米的最薄焊件，这也是他的个人焊接纪录。

人们常说数十年如一日，对高凤林而言，真的是三十几年如一日。在漫长的岁月里，他始终在做一件事情，那就是焊接火箭的发动机喷管，这也是火箭心脏的重要心血管。为了保证焊接能够一步到位，高凤林每次进行有挑战性的焊接工作前，都要进行几次实验。有的实验必须在高温条件下连贯完成，焊件表面的温度甚至达到几百摄氏度。高凤林从不叫苦叫累，总是咬紧牙关坚持着，他的手上常年都是高温烘烤的水泡，严重的时候，水泡一串串一团团，密密麻麻，让看到的人都感到非常疼痛。为了挖走高凤林，曾经有人许诺给他高薪，再给他北京的两套住房，他却拒绝了。他很清楚，他的劳动成果能够进入太空，这是任何金钱和房产都比不上的，他对自己的付出感到万分满足。

对于高凤林而言，虽然他不是艺术家，但是他所从事的是比艺术家更为精湛的工作。焊接0.08毫米的焊件，可想而知高凤林的技术多么精湛，再加上在高温下的持续操作，高凤林又不得不忍受高温烘烤的痛苦及给身体带来的伤害。然而，这一切都被获得认可的满足和荣耀抹去了。高凤林不觉得辛苦，也不为金钱和利益所动，始终坚持做好自己的本职工作，把工匠精神发挥到了极致。

中华民族有八位国宝级工匠，他们数年来始终在默默无闻地从事幕后工作，也成为各行各业的精尖人才。他们的事迹看起来平淡无奇，却惊天动地，他们是中华民族工匠精神的传承人，在最平凡而又普通的岗位上成就了伟大。追根溯源，中华民族最早的工匠精神创始人是鲁班。对于鲁班的精湛工艺，人们口耳相传。在如今的中国，工匠精神绝没有落时，企业更需要员工具有工匠精神，也希望企业和员工都能把工匠精神发扬光大，传承下去。

尤其是在如今这个时代，很多人因为急功近利，做事情喜欢走捷径，也因为距离工匠精神越来越远。有一点是不得不强调的，那就是哪怕机器化生产发展得再先进，也不可能完全代替人工从事的精密操作。所以作为现代职场人士，我们不但要秉承工匠精神，而且要精益求精，让自己的技术越来越熟练和高超。当你真正拥有一技之长，而且让自己的技术纯熟，无人可以取代，那么你就能够拥有自身的强项与核心竞争力，最终在竞争中脱颖而出，也做出属于自己的伟大成就。企业需要创造品牌，我们作为个人也同样需要打造属于自己的品牌，才能拥有独属于自己的、与众不同的人生。

第 10 章

让未来成功的你，感谢现在埋头苦干的你

人生，没有一段经历是白白经历的，幸福快乐也好，艰难困苦也罢，每一段人生经历都会给我们带来不同的感悟和体验，也最终成就此时此刻的我们。所以当回忆往昔的时候，不要抱怨过往的辛苦，当憧憬未来的时候，也不要因为前路艰难而胆怯畏缩。人生有三天，昨天已经成为历史，再也无法改变，明天还未到来，唯有把握住今天，在当下不遗余力地埋头苦干，我们才能拥有幸福美好的明天。

战胜自己，才能迎难而上

人生的道路绝不是一帆风顺的，更不是平坦的。每个人在行走人生的道路时，总会遭遇坎坷崎岖，甚至不小心被障碍物绊倒，摔个大跟头。有的时候，还会遭遇风雨泥泞。然而，不论人生的境况如何，逃避总不能解决问题，我们唯有更加勇敢地迎难而上，才能最终解决问题，让人生变得更从容淡然。

举世闻名的发明家爱迪生曾经说，一个人唯有战胜自身的软弱怯懦，才能战胜厄运，勇往直前。实际上，不管是在人生中的顺境还是逆境，我们都要做好准备，随时战胜自己。也正如一位名人所说的，人生最大的敌人是自己，这就告诉我们唯有挣脱自身的束缚，才能突破和超越自我，实现人生中质的飞跃。

很久以前，有个人力大无穷，因而他很自负，四处找人决斗。有的时候，他空有一身力气没处使，就去扛起石磨，或者搬起巨石拦路。每当看到他人求助于自己，他就沾沾自喜，似乎自己已经成为世界的主宰，成为宇宙的首领。然而，有一天，村子里来了一个外乡人，这个外乡人听说大力士总是仗着力大无穷欺负百姓，决定给大力士一个教训。

大力士迄今为止还没遇到过对手呢，因而欣然接受了外乡人的挑战，在闹市区摆了擂台，找来大家观看他们的比赛。虽然百姓们都希望外乡人能够好好教训大力士，但是他们也很清楚大力士力大无穷，不是个善茬。为此他们都很为外乡人担心，生怕外乡人败下阵来，不但没有给百姓们申冤，反而还被大力士伤害。

擂台赛开始了，只见大力士两只手分别举起一个足足有500斤重的鼎，绕着擂台走了一整圈，还气息平稳，面不改色。台下的百姓们不由得唏嘘不已，根本不敢相信外乡人能战胜大力士。不想，外乡人把两个鼎摞在一起，只用一只手就轻松地举了起来，还轻松地把鼎在左右手之间来回调换，沿着擂台走了5圈。事已至此，胜负已然明了，大力士情急之下不由得喊道："如果你真的力大无穷，那就举起自己啊！"听到大力士的话，围观的人不由得发出哄笑声。

一个人哪怕力气再大，也不可能举起自己，大力士虽然情急之下口无遮拦，涉嫌故意刁难外乡人，但是他的话却蕴含着深刻的哲理。一个人哪怕很强大，也要面对最大的敌人——自己。要想战胜自己，我们就要勇敢地与自身的缺点和不足做斗争，尤其是在遭遇困境时，更要突破自身的局限，挣脱内心的束服，努力提升和完善自己。举个最简单的例子，假如作为学生，总是不想学习，那么就要战胜自身的懒惰，从而让自己动作迅速，行动果断。再如，如果人在职场对工作总是不停地拖延，那么就要有意识地让自己马上开始工作，做到今日事今日毕，从而把每天的工作都完成得很好，也使人生秩序井然。

人生的确是琐碎的，而且也会遭遇各种各样的意外，面对各种各样的困境。一味地向命运低头，并不能使我们有任何收获，甚至还会导致我们更软弱怯懦。既然如此，我们就要迎难而上，就像征服高山一样，以极其顽强的毅力爬上山巅，一览众山小。越是在艰难的境遇中，我们越是要努力战胜自己。就像一个人上了战场想要逃跑，这个时候只能咬紧牙关往前冲，因为与其让子弹从背后射入我们的胸膛，还不如迎着子弹飞奔，说不定还能与子弹擦肩而过呢！

人人都奢望不劳而获，殊不知，这个世界上从未有过天上掉馅饼的好事情，更没有一蹴而就的成功。每个人的成功，都是通过坚持不懈的努力奋斗才获得的，而且成功也并非能够一劳永逸。人生处于随时随地的发展和变化之中，我们更要坚持努力，以顽强的毅力面对生活，战胜困境，人生才会更加顺遂如意。总而言之，我们必须客观认知自己，战胜自己的缺点，才能真正战胜自己，成为人生的强者。记住，积极的心态和昂扬的斗志，对于任何人都是有必要的，也都是弥足珍贵的。

相信自己是世界上独一无二的存在

众所周知，每个人的指纹和掌纹都是不同的，这是每个人区别于他人的明显标记之一，也因此如今先进的公安系统把某些人的指纹录入之后，就可以轻而易举确定他们的身份，获取他们的基本信息。有人喜欢看手相，总是想通过手掌上密密麻麻的纹路，发现人生中的奥妙。这其实是人的好奇心在作怪，不管看手相知晓命运是否真实可信，掌纹的确书写着我们生命的痕迹。

每个人的掌纹都是独一无二的，每个人也是世界上独一无二的存在。有些人试图复制他人的成功，最终却发现成功也是带有个性化的，完全模仿和复制不来。当然，如果我们不是照搬他人的成功，而是通过学习和模仿他人提升自己，那么我们会变得越来越高明，自然距离成功也就越来越近了。作为大名鼎鼎的国学大师，季羡林老先生曾经说，自信是人最重要的素质，如果再加上勤奋与机遇，那么成功也就手到擒来。季羡林老先生始终认为，不管在人生中遭遇了怎样的困境，我们都要坚定勇敢，直面困难。就像一个孩子学习走路的时候不小心摔倒了，最重要的不是趴在原地哭泣，而是爬起来继续朝前走，渐渐地才会掌握走路的技能，也让自己成为风一样的存在。实际上，季羡林老先生是想告诉我们，任何人都要有价值地存在。只有自我价值，才能促使人们勇敢地面对困境，绝不轻易向厄运妥协，也绝不放弃对成功的追求。

实际上，每个人的潜力都是巨大的，正如曾经有心理学家经过研究证实的那样，每个人都比自己想象的更坚强，更勇敢。而一个人要想在人生的道路上勇往无前，就要坚定不移地相信自己是这个世界上独一无二的存在，都要相信自己的存在一定是有价值的。当我们把自己当成无价之宝，当我们像欣赏鸽子蛋钻石一样欣赏自己，我们就会无视眼前的困境和磨难，从而把眼光投向远方，也让自己的心中始终满怀希望和力量。

作为世界上最伟大的推销员，吉拉德总是在衣服上佩戴一个特别的徽章。这个徽章既不是名贵的珠宝，也没有多么深刻的纪念意义，而是一个简简单单的“1”。为何吉拉德要把“1”佩戴在自己的身上呢？曾经有人针对这个问题向吉拉德提问，吉拉德笑着回答：“1的意思不是说我是世界上最了不起的推销员，而是告诉大家我是我生命中最了不起的。”的确，我们无须做到人群中的佼佼者，我们只要相信自己是命运最好的馈赠，是自己的人生中最了不起的存在，这就足够了。当我们把自己当成唯一的财富，我们当然会珍视自己，也会对自己满怀信心。

35岁那年，已经人到中年的吉拉德还一无所有，甚至穷困潦倒，无法养活妻子儿女。然而，自从偶然听到一次演讲之后，吉拉德的命运就彻底扭转了。在演讲会上，演讲者拿出一张崭新的百元大钞，问在场的听众：“谁想得到这张钞票？”马上，听众全都举起手，迫不及待地想要得到这张钞票。

演讲者满意地笑了，突然把钞票揉得皱皱巴巴的，继续问道：“现在，谁还想要这张钞票？”台下依然举起很多手，看起来，听众并不因为这张钞票外观的改变，就对它没有好感。演讲者依然不吭声，而是把钞票丢到地上，并且狠狠地踩了好几脚。如今，这张钞票不但皱皱巴巴的，而且还脏兮兮的。演讲者把钞票举起来，继续问道：“还有人会想要这张钞票吗？”不出演讲者的预料，听众依然高高地举起手，他们既不嫌弃钞票皱皱巴巴，也不嫌弃钞票脏兮兮的。这时，演讲者佯装无奈地说：“好吧，为什么你们还想要这张钞票呢？”突然，他话锋一转，铿锵有力地说：“你们的选择是对的，朋友们！这张钞票不管是新的还是旧的，也不管是干净还是肮脏，都不影响它的价值。那么你们呢，你们可曾像这张钞票一样坚持自己的价值呢？你们在遭遇困境或者挫折磨难的时候，是否会情不自禁地打起退堂鼓，不愿意朝着人生的目标继续前进呢！你现在是否还是一张钞票，完全由你说了算！”听完演讲，吉拉德彻底明白了一件事情，即不管他如今的境遇如何，也不管他是富可敌国还是穷困潦倒，他还是他，他从未改变，他也只能是他，必须是他。吉拉德鼓起勇气，从此之后再也不自暴自弃，而是坚持努力奋进，最终在销售领域做出成就，也为自己赢得了更高的社会地位。

每个人在人生之中都要遭遇各种各样的困境，就像一张钞票很有可能被小心翼翼地放起来，也有可能会被蹂躏，变得脏兮兮的。然而，除非彻底灭失，钞票总还是钞票，它不会失去自身的价值。所以朋友们，我们也要勇敢积极地肯定自己，哪怕在人生中遭遇困境，也始终能够迎难而上，面对困难，也始终心怀希望，眼睛里看到光明的所在。

其实，对于人生的命运与境遇之间的关系，很多人都存在误解。他们总觉得是命运决定了境遇，实际上，恰恰是人的努力决定了命运，而命运又决定了境遇。人们常说，爱笑的人运气总不会太差，努力的人才有回报。实际上，爱笑的人并不是因为爱笑才有好运，而是因为他们对待人生始终积极主动，所以也得到人生的馈赠。至于努力，更是人们抓住各种机会的前提，只有勤奋努力做好准备，机会才会不期而至。既然如此，朋友们，一定要相信自己的价值，一定要坚信自己能够走过坎坷的命运，获得人生最大的成就。当你坚信这一点，当你切实迈开脚步奔向成功，你也就能够如愿以偿实现自己的人生目标，得到命运的馈赠和丰厚的回报。

总有一块土地适合某一粒种子生长

在复杂的社会生活中，每个人都有自己特定的角色，也因为有多重的身份，所以每个人的角色都是多重的。诸如，一个女孩是父母的女儿，是丈夫的妻子，是孩子的母亲；而一旦走入职场，又会摇身一变成为女强人，是下属的上司，是老板的下属，是客户的甲方，是上游公司的乙方；当休息的时候，她还可以是女性朋友的闺蜜，是男性朋友的红颜知己……总而言之，一个人的身份根据生活的场景不同，也在不停地变化着。那么，如何扮演好这么多的角色呢？这的确是个难题。我们也许能当好妻子，却不能成为好儿媳妇；我们也许能当好老板，却不能成为合格的父母；我们也许对朋友很有耐心，在与父母相处时却极其不耐烦……那么，我们能做好什么就要极力去做好，而在感到吃力的时候，竭尽所能提升自己，从而使自己的人生长有所成长，有所收获。

一个女孩在高考中发挥失常，没有考上大学。为了给她一份安稳的工作，母亲四处托人找关系，才把她安排到村里的民办小学当老师。然而，她的语言表达能力很差，站在讲台上总是说不出话来。学生们等得不耐烦了，最终把她轰下讲台。她哭着回到家里，觉得自己不管做什么事情都做不好。然而，母亲耐心地安慰她："有的人肚子里有东西，全都能倒出来，有的人肚子里有东西，却倒不出来。没关系，也许你不适合当老师，但你却适合做别的事情。"

在家待了几天，她就和本村的小姐妹一起去外地打工了。她们去了服装厂，然而没干几天，她又被老板开除了。原来，其他的小姐妹缝纫衣服都很快，她不但很慢，而且针脚歪歪扭扭，做出来的衣服质量太差了。她伤心极了，沮丧地回到家里。母亲再次安慰她："没关系，其他女孩都已经在服装厂干了好几年了，你之前一直在上学，当然没有她们快了。不是你不如她们，只是她们练习的时间比你更长而已。"母亲对她说，手脚总有快有慢，别人已经干了很多年，而你一直在念书，怎么快得了呢？

此后的好几年时间里，女孩一直在尝试各种不同的工作。她既当过纺织女工，也在市场里担任过管理员，还在一家小工厂里担任过会计。然而，不管做什么工作，她都很难像别人那样一帆风顺。无论她多么沮丧失落，母亲总是一如既往地鼓励她，从不抱怨她太笨，或者觉得她运气不好。兜兜转转直到30岁，女孩才在聋哑学校里担任辅导员，至此，她似乎找到了自己擅长的事情，把工作做得风生水起。后来，她自己开办残疾人学校，还开了很多家连锁店专门经营残疾人用品。几年之后，女孩拥有了几千万资产，成为一个不折不扣的成功女性。

有一天，女孩来到白发苍苍的母亲面前，问出了那个曾经困扰她很久的问题："妈妈，您为什么不管何时都对我信心百倍呢？"母亲摩挲着女孩的头，笑眯眯地说："一块地，如果不适合种植麦子，那么可以试着种植玉米；如果不适合种植玉米，可以尝试着种植蔬菜瓜果；就算连蔬菜瓜果也不适合种植，那么就种荞麦吧。我相信，一块地，总有某一粒种子适合它，它也最终会收获满满。"

母亲的话让女孩感动不已，原来支持着她的一直是母亲的爱。母亲也正因为爱她，才会对她无条件支持，给予她最大的信心和勇气。一块地，总会有某一粒种子适合它，所以它才能最终迎来累累硕果。实际上，有很多相似的道理都让人耳熟能详。例如人们常说，鞋子是否合适，只有脚知道，实际上就是在告诉我们穿鞋子不要一味地选择漂亮的，而是要选择适合自己的。这就像是穿衣服，衣服必须合体，才能高贵优雅。否则，哪怕再名贵的衣服，如果不能与人很好地搭配，也无法达到预期的效果。

很多人在寻找人生伴侣的时候，也以感觉对了、彼此合适作为唯一的选择标准。尤其是年轻人走出大学校园，寻找工作时，都希望找到最适合自己的平台，这样才能不断努力，奋发向上，也拥有属于自己的人生。然而，现实总是使人遗憾，有的时候憧憬再美好，也无法变成现实。假如我们的所作所为非但得不到他人的理解，反而招致他人的误解和反对，那么我们未免会动摇。实际上，他人无论再怎么设身处地，也无法真正站在我们的角度上思考问题。这种情况下，与其怀疑自己，不如坚定不移地相信自己，从而让时间证明一切。

要知道，在这个世界上，哪怕是与我们最亲近的父母或者爱人，也无法为我们承担生命的使命和责任。归根结底，我们在听取他人的意见之前，必须扪心自问，才能更好地坚持自我，实现自己的理想，也走出属于自己的人生道路。当然，需要注意的是，这么说并非是让大家固执己见，而是要在深思熟虑的前提下坚持自己的所思所想。

任何时候，人生都不会以绝对完美的面目出现。因而作为普通人，我们必须端正态度对待人生，也鼓起勇气接纳人生。千万不要过于贪婪，恨不得得到人生中一切好处，唯有以平常心面对这个世界，我们才能更从容自若，也才能宠辱不惊。所以朋友们，如果你们竭尽全力也无法使自己成为一颗璀璨的太阳，那么不如宽容和悦纳自己，让自己成为闪闪烁烁的小星星，为夜行的人照亮前路。如果你们注定不能成长为参天大树，那么不如就心甘情愿当一棵小草，以顽强的生命力在大地上焕发生机，也同样会给人们带来一抹亮丽的绿色。总而言之，每个人都有属于自己的人生，唯有竭尽全力主宰人生，我们才不负自己的人生，也才能最终找到属于自己的那片广阔天地。

做最好的自己

人生就像是一场竞技，每个人既有可能赢得比赛，也有可能满盘皆输。人人都想赢，都渴望成功。然而，命运总是残酷的，似乎在故意与人们开玩笑，让人们怀着希望去努力拼搏，最终却不得不哭泣着面对失败。实际上，输赢只是相对而言的，没有人能保证自己的一生总是赢，也没有人会认定自己的一生只能输。既然输赢的概率都是50%，我们何不更加认真努力，从而让自己赢的机会更大一些呢！

现实生活中，很多人为了赢得人生的比赛而绞尽脑汁，不择手段，但要知道为了赢得人生虽然要竭尽全力，却也不能毫无原则和底线。否则，这样的赢是让人不齿的，也无法为我们带来预期的荣耀。尤其是在职场上，激烈的竞争和巨大的压力使得很多人为了在工作上能有出色的表现，获得丰厚的回报，不惜使用旁门左道。高薪和更高的职位固然重要，然而，我们的人格和品质才是最重要的。任何时候，我们可以想方设法，却不能没有原则和底线，否则胜利的果实也会完全变味，导致我们的人生仓促而惶惶不可终日。

不得不承认，现代社会充满浮躁。每个人都急功近利，整个时代也进入快餐时代。如今，柏拉图式的爱情越来越少，很多女孩在与相亲对象第一次见面时就会对对方的情况刨根问底，难道这就是找到真爱的态度和方式吗？除了感情，生活和工作中的一切似乎都变了味道，就连父母对孩子的成长也变得急不可耐，很多父母以不让孩子输在起跑线上为名，对孩子施加高压，让孩子无处可逃。实际上，生活从来不是一蹴而就的，任何人的成功都要依靠长久的努力。真正有实力的人，就像是考试之前照样玩耍和休闲的孩子一样胸有成竹，淡定从容，绝不会临时抱佛脚，让自己原形毕露。

大学毕业后，马修和杰米作为同学，幸运地被同一家大公司录取。同学们都很羡慕他们，他们也暗暗下定决心要在工作上好好表现。

在进入公司的半年多时间里，马修和杰米一直在努力工作，他们既是好同学、好同事，也是彼此的竞争对手，谁也不愿意落后于人。就这样，他们实力相当，在工作上的表现也一直可圈可点。没过多久，公司里要组织员工出国考察，为了定下最后一个人员名单，上司在马修和杰米之间犯了难。最终，上司决定在部门里开展一次演讲比赛，主题就是对于出国考察项目的理解和阐释。

马修对于这次演讲非常用心，几乎每天都在利用工作之余的时间全力准备，而杰米看上去对演讲比赛漫不经心，甚至对出国考察与学习的机会也完全不放在心上。直到演讲比赛即将展开的前两三天，杰米才开始准备演讲稿，而且还经常去请教马修。这个时候，马修的演讲稿已经基本成型，因而在杰米向马修讨要演讲稿参考时，马修想了想，便把自己的演讲稿展示给杰米看。其实，如果换作别人，马修一定不会把自己的演讲稿泄露出去，但是想到杰米是自己的大学同学，而且一直以来与自己关系较好，所以马修选择信任杰米。

演讲当天，杰米的顺序排在马修前面，为此杰米先于马修上台演讲。出乎马修的预料，杰米的演讲稿和马修的演讲稿几乎一模一样，马修觉得很愤怒，但是却无计可施。眼看着就轮到马修上台了，他只得硬着头皮，脱稿进行演讲。毫无疑问，马修的演讲在上司与同事的心目中简直和杰米的演讲一模一样，原本大家都以为马修一定会落选，却没想到马修最终赢得了出国考察的机会。原来，上司也不傻，当然知道同样的演讲内容，既然马修能做到脱稿演讲，对演讲内容烂熟于心，那么就意味着马修为了演讲稿付出了很多的时间和心力。就这样，马修成功夺回了属于自己的荣耀，他为自己喝彩。

事例中，杰米的所作所为很不光彩，他故意窃取马修的演讲稿，还抢在马修前面演讲，导致马修陷入被动。然而，马修绝非等闲之辈，他在危急关头采取脱稿演讲的方式，最终力挽狂澜，及时扭转局势，让一切都朝着对自己有利的方向发展。毫无疑问，出国考察的机会很难得，每个人都想抓住这样的好机会，提升和完善自我，也开阔眼界，让自己拥有国际视野。然而，出国的费用很高，公司不可能让每一位员工都出国考察，所以上司也只能想出办法让原本实力相当的员工分出高低。

其实，人在职场，各种利益的争夺都是很正常的，因为同事关系的本质就不同于纯粹的同学关系，常常会涉及很多利益。在这种情况下，作为职场人，我们一定要把眼光放得长远，不要为了小小的利益争夺，就放弃自己做人做事的原则。要知道，任何时候，我们都要赢得光明磊落，也要输得理直气壮。而且，人生绝非是一场决斗就能定输赢的。所谓先做人再做事，要想真正立足职场，我们就要坚持自己的原则和底线，绝不为了利益所动，轻易地伤害他人的利益。有的时候，输是比赢更高尚的作为，也彰显了一个人宁为玉碎不为瓦全的至高境界。

失败，是人生中不可多得的经验

人的本能就是趋利避害，因而人人都想获得成功，而惧怕失败。的确，失败从来不是让人感到愉快的体验，所以说一个人面对成功、春风得意容易，而面对失败、绝不气馁很难。由此我们也可以得出一个结论，即相比成功的经验，失败的经验更可贵，失败也是人生中必不可少的体验。实际上，很多人在真正开始做事情之前，都会想到失败的可能，甚至做好了最坏的打算。但是他们常常被失败折服，甚至在失败面前表现出畏缩怯懦的模样。归根结底，失败不能使人愉快，尤其是人们常说的，希望越大，失望也就越大。难道我们因此就要掐灭心中的希望，让人生就这样浑浑噩噩下去吗？当然不是。逃避失败根本不是解决问题的方法，唯有鼓起勇气勇敢地面对失败，把失败作为阶梯，踩着失败不断攀升才能真正地把失败踩在脚下，也才能成功地超越失败。

面对失败，最理智的事情是要找出失败的原因和症结所在，这样才能以先前的经验为基础，远离失败。其实，失败的结果并不可怕，最可怕的是人们面对失败沮丧绝望的态度。如果一个人一旦遭遇失败就一蹶不振，那么可想而知他几乎没有可能获得成功。失败还常常给人带来错觉，使人误以为一次失败就代表着永远的失败，这都是失败的心态在作怪。任何时候，不管经历多少次失败，我们都不能向失败缴械投降。

失败之后，如果我们能够积极地从失败中总结经验和教训，为自己未来的成功奠定阶梯，那么失败的意义就远胜于成功。失败意味着我们之前采取的方式方法不合适，但是绝不意味着我们没有可能成功。古今中外，无数伟大的人之所以能够创造生命的奇迹，就是因为他们绝不向失败低头，更不被失败打败。

美国前总统林肯一生坎坷，在真正成为美国总统之前，他遭遇了数十次失败。在7岁的时候，林肯和家人就不得不流落街头，居无定所。为了养活家人，林肯四处打工，没过多久，他的母亲就因为贫病交加而去世，他的生活也一度非常困窘。林肯付出了极大的努力，才最终渡过了生活的难关，然而，厄运并没有因此远离他。

1832年，林肯竞选州议员落选了，为此他失去工作，不得不四处筹集资金，想通过经商来改变困境。然而，他根本没有经商的天赋，非但把四处借来的钱赔得精光，还导致债务缠身。无奈之下，林肯只好再次竞选州议员，也许是命运之神觉得林肯实在是饱经磨难吧，终于网开一面，让林肯获得了成功。这是林肯人生中的第一次成功，也使得感到信心百倍。后来，林肯在州议员任期满了之后，又接连参加了很多次竞选，但是都以失败而告终。在此期间，他还失去了自己挚爱的未婚妻，一度因为抑郁缠身而卧病在床。直到1830年，林肯才成功当选美国总统，进入了人生的巅峰时期。

曾经有人专门统计过林肯一生中失败与成功的次数，结果让人瞠目结舌。原来，林肯一生中失败了35次，而只成功了3次。对于自己充满挫折的人生，林肯说："人生的道路充满艰难，我也常常因为风雨泥泞而摔倒。然而，我只需要缓一缓，就会爬起来，继续前行。"林肯的话彰显出他绝不向困境低头的精神，也让他最终成就了伟大的自己。

如果没有那么多次失败，还会有日后成功当选总统的林肯吗？也许不会。无数次失败让林肯的生命变得厚重，也使得林肯在失败的淬炼中越来越勇敢，越来越坚强，最终成为人生的强者。所谓失败，对于弱者而言也许就是绊脚石，而对于强者而言，却是重生的契机。正所谓凤凰涅槃，浴火重生，失败也恰恰是人生的试金石，让我们知道自己到底拥有怎样的胸怀气度与伟大力量。

当然，这里之所以讴歌失败，并非让我们刻意追求失败，而是因为人生中失败总是难免的，我们唯一能做的是尽量避免失败，而不是完全逃避失败。人人都渴望得到成功的荣耀和光环，然而在通往成功的道路上，却总是遍布荆棘。这就像是玫瑰花虽然漂亮，但是却长满了尖利的刺一样，要想欣赏美好，感受玫瑰的芳香浓郁，我们就要小心玫瑰花的刺。同样的道理，失败也是成功的刺，要想追求成功，我们就要不断地总结失败的经验，也找到战胜失败的方法。唯有如此，我们才能与失败和谐共处，也才能赢得成功的人生。记住，人生中真正的强者，是面对失败越挫越勇的人，是虽然身经百战也绝不畏缩怯懦的人，是哪怕承受着失败的打击和痛苦也依然能够从容面对自己的人。

人生中有很多非走不可的路

人们常说，心若改变，世界也随之改变。当我们以积极的心面对这个世界，世界也会变得面目温和，充满希望之光。当我们以消极的心面对这个世界，世界就会变得阴沉黑暗，让人看不到尽头。曾经有位名人说，这个世界上并不缺少美，缺少的只是发现美的眼睛。的确，人的态度往往决定了人生的走向，那么面对生命中不可避过的路，无论坎坷还是平顺，我们都要保持淡然。

每个人的路都在自己的脚下，每个人的人生与命运都掌握在自己的手中。从这个角度来看，我们完全没有理由抱怨，也不要因为人生中的很多经历不如意，就因此而失去内心的平衡。实际上，大自然自身保持着一种非常微妙的平衡，人生的许多能量场也是相互转化的。早在2000多年前，就有哲人说过福祸相依的道理，难道时代发展到今天，我们作为新时代的年轻人还不能懂得人生的真谛吗？正如有人所说的，人生中没有任何一段经历是白白经历的，它总会带给我们些什么，诸如对人生的体验和感悟，诸如对人生的悔不当初。所以这样的路并非是人生的弯路，这样的经历也绝不是在平白无故浪费宝贵的生命。

很多人面对自己的现状都会陷入深深的懊悔之中，他们会把“如果当初我……”这样的句式挂在嘴边，以显示自己“马后炮”般的聪明。实际上，这并非是聪明，而是自找烦恼的表现。我们在前文就说过，人生中只有三天，那就是无法改变的昨天、正在把握的今天和尚未到来的明天。既然昨天已经成为历史，再也无法更改，我们又何必沉浸在懊悔之中不能自拔，最终反而导致失去当下呢！明智的朋友都知道，要想此后拥有无怨无悔的昨天和值得期待的明天，唯一需要做的就是把握当下，过好每一个今天。

很多朋友常常因为人生陷入绝境而感到心力交悴。正所谓山重水复疑无路，柳暗花明又一村，其实人生是没有绝境的。任何时候，只要我们心怀希望，只要我们始终积极乐观，我们就能把人生的弯路走成直路，把人生的一切经历都变成生命中不可或缺的宝贵经验。

每个人的人生都面临着不同的机会，或者是平顺或者是坎坷，或者是晴好或者是风雨泥泞。任何情况下，福事与祸事都是相互依存的，而人生世事无常，只有以辩证唯物主义的观点看待人生的福祸相依，才能坦然面对人生，也才能让人生从容淡然。曾经，有一副对联征服了很多人的心——“宠辱不惊，闲看庭前花开花落；去留无意，漫随天外云卷云舒”。这样的淡然心态，是很多人梦寐以求而又不可多得的。

作为美国第二十八届总统，威尔逊曾经说过，我们每个人都是梦想家，我们因为梦想而变得伟大。有些人因为梦想不能实现而放弃自己的努力，也有的人始终付出心血浇灌梦想，最终让梦想成真。所以朋友们，我们一定要做一个坚持梦想的人，哪怕成功与失败的概率各占一半，也不要放弃生命，更不要灭失心里的希望。

作为曾经的海军陆战队队员，米歇尔的命运堪称一波三折。因为经历事故，米歇尔全身至少65%的皮肤被严重烧伤，为此，曾经充满活力的他不得不接受了16次手术。手术之后，因为皮肤萎缩，他根本无法正常生活，甚至不能自理。对于一个曾经身强体壮的年轻人而言，这是多么致命的打击啊。米歇尔也曾失望沮丧，甚至陷入绝望之中，认为自己的人生已经彻底毁灭了。然而，他痛定思痛，决定不再和人生对抗，而是接受命运的安排，把自己的现状看成一个重新开始的起点。正是在这种心态的支撑下，米歇尔经历了6个月的漫长恢复期。让所有人都惊讶万分的是，米歇尔不但恢复自理能力，而且重新驾驶飞机。

后来，米歇尔与朋友合伙开公司，还购置了私人飞机，经营一家酒吧。总而言之，他的生活风生水起，他也春风得意。正当此时，米歇尔又遭遇了厄运，他的私人飞机发生故障，在起飞过程中掉落在跑道上，这使他身受重伤，12节椎骨都粉碎性骨折，注定了他的下半生要在轮椅上度过。米歇尔开始抱怨命运，不知道为何那些倒霉的事情都要发生在他的身上。后来，他面对使人无奈的现状，只能再次接受，勇敢面对。最终，他再次战胜厄运，而且集中所有精力做好自己能做的事情。

面对人生的厄运和困境，一旦真的放弃，就注定了毫无机会，而真正的强者也可以选择像米歇尔一样，不与人生对抗，而是接受命运的安排，然后竭尽所能地生活。这才是强者的表现，也是以接纳的态度战胜人生的挑战和磨难。

实际上，一个人不管先天条件如何，也不管后天的运气如何，只要他内心充满希望，就没有任何东西能够打倒他。就像海明威笔下的桑迪亚哥老人，虽然他的运气简直糟糕透顶，但他还是把自己辛苦捕获的大鱼骨架带回岸边。在回家的航程中，他遭遇了无数危险，可他从未想过放弃。正如同他所说的，一个人可以被毁灭，却不能被打败，这也向我们传递出生命不息，奋斗不止的顽强精神。因而朋友们，不管你在此前的人生中经历了什么，遭遇了什么，都不要悲观绝望，要知道，你最值得炫耀的资本恰恰是你的骄傲和尊严，恰恰是你永不放弃的信心与信念。尤其是在现代社会中，很多人生而含着金钥匙，难道我们就因为自己哪怕再努力也未必能够达到对方的起点就放弃奋斗吗？这当然不是强者该有的人生态度，明智的朋友知道，努力了才有希望收获，如果不努力，那么就绝无希望获得一切。所以朋友们，不要再犹豫，哪怕生活让你流泪，你也要回馈给生活含泪的微笑。

第11章

未来最大的苦，就是现在的没有全力以赴

每一个人都无法改变过去，但却可以操控未来。唯有把握当下，活好每一个今天，我们才能让自己拥有充实无悔的昨天，也才能拥有美好的、值得憧憬的明天。总而言之，不要因为今日吃苦就怨声载道，否则终有一日你会因为虚度年华而追悔莫及。

满心愉悦，用快乐战胜磨难

如今，很多职场人士都对工作怨声载道。作为职场新人，很多应届大学毕业生好高骛远，眼高手低，得不到好的工作机会，又因为手里的工作而不停地抱怨，不知道满足。经验丰富的职场老人呢，又因为对工作消极倦怠，导致工作上不出成绩，也使得自己无法如愿以偿地实现自身的价值。实际上，任何人在初入社会的时候，都会因为社会经验不足，而在对社会的新鲜感渐渐褪去之后，心怀抱怨。尤其是职场人士，这种现象更为普遍。细心的朋友们会发现，很多大学毕业生初入职场总是如同满血复活一样，每天都精力充沛，朝气蓬勃，对于工作上的小小不如意也丝毫不放在心上，甚至还会主动承担分外的工作，也积极地帮助同事，给领导分忧解难。然而，随着时间的流逝，他们渐渐认识到工作与生活的本质，也发现很多事情并非同他们想象的一样，因而他们变得越来越焦躁不安，对工作也失去了耐心，烦恼应运而生。

实际上，对于任何人而言，先不要把“干一行爱一行”或者“行行出状元”等诸如此类的话放在心上，首先要做到的是每天开开心心地工作，这才是最重要的。如果一个人根本不能平静淡然地接受新工作，又谈何热爱工作，并且在工作中有所收获，做出成绩呢？而如今的职场出现了非常奇怪的现象，即大多数人都在四处奔波找工作，而少部分人却整日愁眉苦脸地对待工作，觉得工作让自己苦不堪言。实际上，工作本身并没有对错之分，也不带有任何感情色彩，是从事工作的人在面对工作时心态不同，所以才会导致他们对工作的表现也完全不同。人们常说，心若改变，整个世界也为之改变，也有名人说世界上并不缺少美，而只是缺少发现美的眼睛。既然如此，我们就要端正态度，调整好自己的心态，才能悦纳自己，悦纳生活，也悦纳工作，也才能在人生中有出色的表现。

当然，这并不是说要一味地坚持做好自己不喜欢的工作，而只是想让每个人都知道，未必人人都那么幸运能从事自己擅长或者喜欢的工作，在这种情况下最重要的是摆正心态，接纳工作，而不是一味地抱怨。退一步而言，假如我们真的对一份工作完全没有好感，甚至一到工作的时候就觉得头疼不已，那么不如痛定思痛，快刀斩乱麻，赶紧辞掉工作，从而给自己重新选择的机会。这样做非但不是对人生不负责，而是给予自己更多的好机会，让自己在工作上得心应手，也能取得好的发展。毕竟人生短暂，每个人都不能白白浪费生命，而要把有限的生命投入到有限的工作中去，从而使自己的人生有一个好的发展和未来。换而言之，与其把宝贵的青春时光用于做自己讨厌的工作，不如下定决心，为自己找到更好的出路。

当然，现代职场是非常残酷而又现实的。很多人过于轻率地辞职，导致自己处于失业状态，生活质量也大幅下降，这其实根本不是明智之举。还有些人总是小孩子脾气，原本很喜欢自己的工作，只因为与上司和同事之间不能友好相处，随随便便决定辞职。殊不知，每个人遇到的人中，都既有自己喜欢的，也有自己不喜欢的，如果我们仅仅因为不喜欢某个上司或者某个同事就轻易放弃一份工作，那么即使我们换一份工作，又如何能保证自己与新的上司和同事友好相处呢？也或者随着时间的流逝，我们不喜欢的上司会升职，我们不喜欢的同事会跳槽，所以如今人们经常挂在嘴边的“剩者为王”很有道理。细心的朋友会发现，不管从事多么简单的工作，那些能静下心来对待工作并且留下来的人，才是真正的精英。而三天打鱼两天晒网，总是频繁跳槽的年轻人，虽然毕业已经好几年了，但最终却毫无收获，既没有凭借脚踏实地的实干精神积累工作经验，也没有在一家公司长期工作的资历，所以他们换来换去依然是职场新人，依然要适应新的行业和新的公司。

要想避免这种令人尴尬的情况发生，我们就要扪心自问，确定自己工作的初衷和目标是什么。有的人是实干主义者，对待工作最大的希望就是获得高薪，对于他们而言职位的高低倒是次要的。有的人非常爱面子，不是很重视工作的薪水，反而很重视自己职位的晋升。对于这两者，工作之于他们的意义是完全不同的，唯有端正心态，奔向自己的职业发展目标，他们才能事半功倍，如愿以偿地实现自我价值。

当然，换个角度而言，工作其实也没有那么难。对于自己喜欢的工作，我们一定要按捺住自己，如遇到不喜欢的上司和同事，能够尽量站在他们的角度思考问题，而不要一味地否定他人。此外，还要积极地进行自我反省。所谓金无足赤，人无完人，任何情况下，我们都不要骄傲自满，尤其是在工作中遇到困难和障碍，或者是与其他同事发生矛盾和纠纷时，我们更要从当局者的迷局中跳脱出来，理智思考和解决问题。总而言之，一个快乐面对工作的人，才能从工作中得到快乐；一个乐观拥抱人生的人，才能从人生中得到美好的未来。

记住，工作不是混日子

有人说，生命是一场没有规程的旅途，这是因为没有人能把握生命的长度，更不知道自己的生命会延续多久，或者在哪一个未知的时刻戛然而止。在这种情况下，很多人对人生采取听天由命的态度，总觉得既然自己无法左右生命，不如接受命运的一切安排，逆来顺受。然而，这种消极的人生态度绝无好处，只会使人感到万分痛苦。面对人生，最重要的是内心的态度，所以明智的朋友哪怕明知生命无常，也依然努力地生活，希望创造人生的奇迹。

对于任何人而言，浑浑噩噩都绝不是过日子该有的态度。生活中，只有目标明确的人，才能理智思考自己该何去何从，才能知道自己应该做些什么，也才能更快地达到目标。同样的道理，人在职场，要想有所发展和收获，也要为自己制订明确的目标。其实，不管是生活还是职场，都像是茫然无边的大海，而每个人则像在大海上航行的小舟，总是要牢记目的地的方向，在灯塔的指引下，才能回到港口，等待再次起航。如果小舟在大海中随波逐流，一定会彻底迷失方向，甚至永远也无法回到岸边。因而朋友们，你们是否已经明确了人生的方向，也为自己的职业生涯发展制订了明确的目标呢？如果没有，就请赶快行动起来吧，相信在目标的指引下，你们的一切努力和付出一定会事半功倍，你们的人生也会变得截然不同。

人生在世，一定要有目标和方向，否则生活就漫无目的，人生也会陷入浑浑噩噩的状态之中。上进心和责任心有多么重要，其实只需要看一档婚恋节目就能知道。在江苏卫视红透半边天的相亲节目《非诚勿扰》中，可以发现大多数女孩在寻找人生伴侣的时候，都会强调要求对方有责任心，积极上进。实际上，这恰恰是每个人都应该具备的最基本的人生态度。一个人没有上进心，非但导致自己的人生不思进取，也会给父母、爱人甚至是孩子带来困扰。归根结底，没有人能够轻松自在地度过一生，每个人总要承担起自己应该承担的责任，完成自己的使命。如果当一辈子寄生虫，甚至给他人带来麻烦，人生还有什么意义呢?

人生的目标绝不是“混日子”“挣口饭吃”那么简单。真正充实而有效的人生，一定要有远大的理想和梦想作为目标，也要有的放矢地放飞自我，才能展翅翱翔，才能在人生之中收获更多，也对人生充满信心。不得不说，每一个人作为生命主体对待生命的态度，总是影响深远的。积极乐观的人以激情与热情点燃生命，消极悲观的人以沉默无语让生命黯然失色。所以朋友们，从现在开始就让自己的生命焕发生机，充满激情吧，相信你一定会活出最精彩璀璨的自己。

作为世界上最伟大的推销员，贝特其实在人生中走过很长的一段弯路。18岁的时候，年轻的贝特充满生机与活力，是一名非常优秀的职业棒球手。然而，才进入棒球界没多久，贝特就因为犯了错误，被老板开除了。在与贝特告别的时候，好心肠的老板还特意叮嘱贝特不管未来走到哪里，从事什么工作，也不管面对人生中怎样的坎坷和挫折，都要对生命充满热情，充满激情。虽然贝特付出了惨重的代价才得到这样的忠告，但是还好，这个忠告来得还不算太晚。因而，贝特带着满心的激情和热情，进入纽黑文队。他发誓，在未来的人生中要如同满血复活一样，让人刮目相看。从此之后，贝特成为球场上风驰电掣的勇士，他动作迅猛，力量强大，从来不吝惜力气。每当贝特上场打球，第二天的报纸上总是会刊发关于贝特的最新消息。记者们评价贝特是个满怀激情的新手，甚至点燃了整个球场，使得他们的球队不但在比赛中获胜，而且表现越来越突出，令人刮目相看。还有的记者以“锐气”作为贝特的绰号，渐渐地，贝特成为球队的灵魂人物，他的薪水也接连翻了好几番。

然而，球场上的职业生涯总是短暂的，随着年纪越来越大，贝特不得不退出职业棒球队，开始自己新的人生。他选择当一名保险代理人，负责向有需求的客户推销保险，然而，将近一年的时间里，贝特毫无收获。直到有一天，卡耐基对他说：“贝特先生，你的语气这么沉闷乏味，如果我是客户，也不会对你感兴趣的。”卡耐基一语惊醒梦中人，使贝特意识到自己不仅需要在球场上释放青春和热血，对待其他工作也同样应该充满激情。从此之后，贝特又像最初加入纽黑文队一样，变得激情澎湃，最终成为举世闻名的销售大师。

不管做什么工作，打棒球也好，推销保险也好，都需要激情和热情。贝特正是因为明白了这个深刻的道理，才能在球场上有突出的表现，也才能在职业生涯转型之后成为成功的销售大师。实际上，既然哭着也是一天，笑着也是一天，我们当然要笑着度过人生中的每一天。既然认真工作也是工作，三心二意也是工作，那么我们何不认真对待工作，让自己在工作上有杰出表现，成为工作中的佼佼者呢？

生活就像一面镜子，当我们以笑脸面对生活，生活也会回馈给我们笑脸，当我们努力认真地对待生活，生活也会不负我们的期望，给予我们丰厚的回报。总而言之，生活是非常艰难的，我们唯有勇敢地面对生活，才能最终赢得生活的馈赠。同样的道理，任何人都不可能在工作上取得一蹴而就的成功，唯有理智对待工作，才能让工作的效果更加出色。越早深刻认识到这个道理，我们就越能够以积极的态度面对生活。

细心的朋友会发现，全身心投入地对待工作与三心二意地对待工作，工作效率是完全不同的。尤其是当工作中有太多的挑战等着我们时，我们就更要打起十二分精神，才能战胜工作中的重重障碍，也才能勇敢攀登工作的高峰。当然，不可否认，每个人都是人生的主宰，都是人生的掌舵者。道理也许人人都明白，然而要想为自己争取到更精彩充实的人生，就完全取决于我们面对人生的态度。古今中外，伟大的人物之所以能够获得成功，都是因为他们从来不“得过且过”，他们不管做什么事情都积极认真，也总是能够成功地把问题处理得尽善尽美。看到这里，也许有些朋友会说：“我没有天赋，如何能够取得成功呢？”实际上，哪怕对于普通人而言，勤奋、认真与拼搏，也是通往成功的必经之路。那么朋友们，不要再抱怨自己在工作上没有得到回报，而要反思自己是否已经真的开始认真用心。

即使你孤身一人，也能打开世界的大门

人在职场，常常因为肩负着沉重的责任，而倍感心力交悴。实际上，每个人都有自己的责任，而且每个人在人生的不同阶段中所肩负的责任也是完全不同的。新生儿看起来只要吃吃喝喝、睡睡觉就好，殊不知，新生儿的责任就是让自己长大，从娇嫩的新生儿变成更大的婴儿，接下来再学习人类的各种本领和技能，从而让自己不断发展壮大起来。那么作为照顾新生儿的父母，又肩负着怎样的责任呢？毋庸置疑，父母的责任就是无微不至地照顾新生儿，也让新生儿更加茁壮成长。

责任，从某种意义上说和压力很相似，这是因为责任和压力都使人感到沉甸甸的，也使人不得不打起十二分的精神来勇敢面对人生。常言道，人无压力轻飘飘，既然压力可以转化为动力，那么责任是否可以转化为动力呢？毫无疑问，责任也可以转化为人生的内驱动力，使人被激发出积极向上的力量，也成为坚强不屈的勇士。正因为如此，盖茨曾经激励员工们哪怕很平庸，也不要丢掉自己的责任心。作为世界首富，盖茨为何把责任看得这么重要呢？实际上作为管理者的他很清楚，一个人唯有富有责任心，才能拥有执行力。尤其是在职场上，拥有创新力的员工固然很受欢迎，但却可遇而不可求，作为管理者最希望自己的员工拥有责任心，拥有执行力，这样员工才能把管理者布置的任务都贯彻执行，也取得预期的效果。

从这个角度而言，执行力恰恰就是对工作认真负责，也是在工作的过程中勇于负责。虽然很多规模比较大的企业看起来就是一台庞大的机器，

但是有责任心和执行力的员工，却会把自己变成一颗颗螺丝钉坚守岗位，从而保证机器的正常运转。如今的职场上，很多工作都是环环相扣的，因而作为员工，更要做好自己的本职工作和分内之事，避免因为自身的疏忽懈怠而影响整个企业的正常运转。

也许有些员工会说自己从事的是非常简单的工作，那么我们必须问问这些员工，听说过因为一个马钉而失去整个王国的故事吗？如果他们曾经听说过这个故事，就会知道自己虽然是一颗小小的马钉，但是却起到至关重要的作用，而且对工作有着不可推卸的责任。做到这一点，就会成为职场上不可或缺的人，看似不那么重要，却绝对不能缺少。对于任何事情而言，最重要的就是执行力。梦想如果得不到贯彻执行，就会变成空想；规章制度如果得不到贯彻执行，也会形同虚设。所以人在职场，很多人一旦遇到困难和阻碍，第一时间就想到等待，等到时机成熟再去面对和解决，殊不知，这样的策略在紧急情况下是完全失败的。

从本质上而言，拖延解决问题是在逃避，也是推卸责任的表现。虽然很多人做事情都希望能够尽善尽美，然而遗憾的是，这个世界上哪怕具备天时地利人和的绝佳条件，事情也无法达到十全十美。与其在等待中错失良机，不如先抓住机会勇敢地去做，这样边做边学，既把握了时机，也把自身的优势发扬光大，自然能取得好的结果。

1861年，美国爆发了内战。当时，担任总统的林肯迫于战争的局势，连续更换了五位将领，可惜这五位将领中的前四位都没有顺利完成任务，反而是世人最不看好的第五位将领——酒鬼格兰特将军成功平息了内战，让美国恢复了和平与宁静。

那么，格兰特将军除了爱喝酒之外，到底有何过人之处，才能完成其他将军都无法完成的艰巨任务呢？面对内战的进展局势，第一位将军说要先封锁消息，控制局面，然后根据情况走一步看一步。第二位将军说部队的兵力还比较分散，不能轻举妄动。显而易见，第二位将军是个保守派，也许并不适合担任将军，因而林肯很快就对他进行降职处理，使他由将军变成了普通的指挥官。第三位将军说自己的部队还没有装备齐全，为此，他也在4个月之后失去了将军的职务。第四位将军同样让林肯失望，面对如火如荼的战局，他居然说要等到有必胜的把握时再出击，可想而知林肯不能容忍这样的等待，也无法继续支持这样一位不敢承担责任的将军。直到第五位将军走马上任，林肯才算看到了战胜叛军的希望，因为格兰特将军说既然我们还没有做好准备，那么敌人也一定是仓皇应战。为此。林肯毫不迟疑地任命格兰特为北军司令，虽然这项任命得到了几乎所有人的反对，但是林肯却坚持己见。甚至在有人故意告诉林肯格兰特是个酒鬼时，林肯还开玩笑要送格兰特几桶酒呢，林肯实际上是在以这种方式表达自己对格兰特的欣赏和肯定，而格兰特最终也不负众望，战胜了叛军。

实际上，对于林肯而言，就算格兰特是个酒鬼又有什么关系呢？格兰特有勇有谋，敢于承担责任，也拥有超强的执行力，所以他不会喝酒误事，而林肯是完全支持他在和平的岁月里喝酒的。朋友们，你们可曾为自己在工作中没有出色的表现或者未曾得到上司的认可与赞赏而烦恼呢？与其一味地抱怨上司，不如先反思自己，是否做到了坚定勇敢，不惧怕承担责任呢？相信如果你是一个如同格兰特将军一样敢于承担责任的人，你的上司也一定会对你刮目相看，甚至以你为骄傲的。

每个人要想获得成功，最重要的是先肯定自己，相信自己。要知道，自信能够给予我们强大的力量，帮助我们战胜人生中的诸多困境和磨难。所以一个人要想获得成功，首先要拥有自信，要相信自己的力量，从而做到无所畏惧，勇往直前。

需要注意的是，我们肩负的责任之中，既有我们自发承担的，也有被他人强加的。对于他人强加的责任，我们也许会感到压力，却无法感受到强大的内驱动力。最正确的做法是，我们要主动自发地承担责任，从而让自己拥有强大的内驱动力，也激发出所有的能量，让自己信念坚定、意志坚强地奋斗不息。所以朋友们，不要再因为自己肩负的责任而感到消沉了，当你把压力转化为动力，把责任转化为人生的内驱力，相信你实现理想和梦想也就指日可待，也相信你会拥有与众不同、精彩充实的人生。

全力以赴的你，才能创出自己的一片天

人人都渴望获得成功，但是对于追求成功的态度却相差迥异。很多人总是屈服于命运，对于成功的追求只说自己要尽力而为，而实际上，尽力而为带着些许无奈的色彩，并不是人生中最应该采取的态度。要想成为人生真正的强者，我们就要端正心态，在每一个微小的机会面前都做到全力以赴。如何才算是全力以赴呢？真正的全力以赴，绝不把尽力而为作为逃避责任的借口，而是哪怕在看似绝望的境遇中，也依然不放弃，不动摇，继续坚定不移地努力拼搏。

众所周知，尽力而为往往是不够的，因为尽力一旦成为借口，就会消磨我们的顽强斗志，就会削弱我们奋发向上的勇气，也会导致我们的上进心变得越来越弱。从这个角度来看，把尽力作为借口，实际上是人生中最大的羁绊，因而要想获得成功，获得自己的精彩人生，我们就要把全力以赴作为人生的口号，绝不敢有片刻的遗忘和懈怠。

很久以前，有个猎人带着猎狗去森林里打猎。猎人击中了一只兔子的后腿，兔子拖着受伤的腿没命地往前跑，猎狗马上呼啸着跑出去，开始追击受伤的兔子。然而，兔子看似很弱小，力量也不够强大，却一直拖着伤腿躲避猎狗的追击，兔子的鲜血染红了它走过的土地，而猎狗呢，跑得气喘吁吁，最终也没有追上兔子。猎狗眼看着兔子在自己面前消失，沮丧地回到猎人身边。猎人气得痛骂猎狗："你这个没用的废物，我都已经击中了兔子的后腿，你还追不上。"

听到主人的责骂，猎狗觉得很委屈，因而眼泪汪汪地说："主人，我真的已经尽力了，我非常努力啦！"猎人还是很生气，惩罚猎狗不能吃午饭。这时，受伤的兔子已经跑到了自己的洞穴中，其他兔子看到它回来了，纷纷询问它的情况。在听完兔子的讲述后，其他兔子心惊胆战又难以置信地说："你可真厉害，居然摆脱了猎狗的纠缠，要知道你的后腿都受伤了呀！"兔子想了想，一本正经地说："猎狗只是为了避免挨骂才追赶我的，而我却是为了活命才尽力逃跑的。我是全力以赴，而它只想以'尽力'为借口告诉主人它的态度，即使追不上我，它也顶多挨顿骂而已，而我却面临着性命之忧，只能全力以赴！"

兔子为了活命，不得不全力以赴，真的是用尽全身所有的力气逃命，而猎狗只是尽力而为，只希望给猎人一个说得过去的交代，它们对于这件事情的态度完全不同，也就导致它们的奔跑速度也各不相同。

实际上，猎狗的情况在很多人身上都有所表现。尤其是在职场上，有相当一部分人都吝惜力气，不愿意努力工作，而有一部分人虽然知道工作牵扯到自己的前程和薪水，但是他们也只是尽力而为而已。当一个人不工作就没有饭吃，面临着被饿死的危险，相信这样的人一旦有了工作的机会，一定会马上全身心投入、竭尽全力地工作。这就是每个人不同的状况和心态，导致他们对工作的态度也截然不同。

曾经有心理学家经过研究证实，每个人的潜能都是无限的，即使是最伟大的科学家，也只发挥了大概10%的潜能，而其他的90%的能力都被掩藏起来，成为尘封的宝藏。实际上，这就是尽力而为导致的。记得曾经有一篇报道，说一个人在山洪暴发的时候躲入山洞里，而山洪退去后，他才发现洞口已经被巨石堵住。因为生命遭到威胁，这个人特别着急，居然竭尽全力，推动了巨石，从山洞里逃了出来。事后，他向村里人讲述自己的遭遇，却遭到了大家的嘲笑，因为根本没有人相信他能搬动那么大的石头，甚至两三个人也无法再挪动那个巨石分毫。这到底是为什么呢？这就是生命的威胁激发了人的潜能，让人瞬间变得力大无穷。而一旦危险过后，人内心安宁，自然也就无法再爆发出强大的力量，创造生命的奇迹了。所以朋友们，不管你们在人生之中遭遇怎样的困境，都不要轻易放弃努力，要相信你的力量远远超乎你的想象。只要你心怀希望，绝不放弃努力，你就会成功地赢得未来！

第 12 章

坚持到最后，要让自己配得上曾经所受的苦

常言道，笑到最后的人，才是笑得最好的人。的确如此，人生的道路不可能一帆风顺，每个人在人生的路上都会遇到各种各样的困难和障碍，甚至还会被失败和挫折打击。但不管我们在人生中遭遇怎样的磨难，都要坚持不懈，绝不能半途而废，从而让自己的一切付出和努力都能得到收获和回报。

坐热“冷板凳”，守得云开见月明

人生就像是茫然无边的大海，既要把握方向，勇往无前，也要顺应人生的波峰和波谷，得意时不张狂，失意时不沮丧，唯有坚持到底，才能笑到最后，赢得人生的胜利。然而，这个道理虽然人人都懂得，真正能做到的人却少之又少。归根结底，理想是丰满的，现实是骨感的，我们唯有在理想和现实之间架起桥梁，才能让自己的理想实现，也才能让自己的人生更加从容坦荡。

在职场上很容易遭遇“冷板凳”，很多职场人士初入职场，或者已经在职场上有了资历和资本，也难免因为得罪上司和领导，导致自己的人生窘迫不安。其实，坐“冷板凳”并不意味着某个人能力不够强，而是人在职场难免遭遇的境况。举例而言，有的职场人士性格耿直，或者在初入职场的时候因为口无遮拦无意间得罪某个上司或者同事，就有可能遭到冷遇。也有些职场人士经验丰富，却因为与同事甚至上司之间产生利益之争，因而也有可能坐“冷板凳”。很多性格急躁、缺乏自信的职场人士，一旦坐上“冷板凳”，就完全沉不住气，恨不得马上改变现状，也不乏有人决定辞职。殊不知，没有人能够始终遇到自己喜欢和欣赏的人，因而在遭遇“冷板凳”时，与其采取逃避的态度，不如全力以赴做好自己该做的事情，这样也就能够把“冷板凳”焐热，最终反而得到更好的发展和对待。

当然，要想冷静对待坐“冷板凳”的现状，我们首先要思考自己为何会坐“冷板凳”。所谓有的放矢，就是要求我们首先认清楚问题，接下来才能有针对性地思考和彻底解决问题。通常情况下，职场人士坐“冷板凳”的原因不外乎以下几种，首先，自身能力不足，无法完成领导安排的工作，因而总是做些不值一提的琐碎小事，导致自身在公司里的地位很低。其次，在很基层的职位上，一直默默无闻，因而人微言轻。需要注意的是，这样的心态往往是自卑而导致的，所以坐“冷板凳”的是职员的心态，而非职员本身。再次，有的时候，上司和老板也会在有意栽培某位下属之前刻意磨炼其心态和意志，因而故意冷落下属，这样的情况下，作为下属一定要更加积极努力，不要被逆境打倒。最后，还有些职场人士是中枪或者躺枪。所谓中枪，就是职场人士犯了错误；所谓躺枪，就是职场人士因为在职场上站错队伍，或者跟错了人，因而在对方离职或者被贬职之后，受到牵连。如果是这种情况，就要好好表现，而不要颓废沮丧。所谓路遥知马力，日久见人心，当能够以实力和兢兢业业的态度为自己代言，也就会为自己赢得地位，获得更高的评价。此外，还有一种情况是作为下属必须注意的，常言道树大招风，很多情况下属一定要注意不能“功高盖主”。很多喜欢历史的朋友都知道，有史以来大多数开国功臣的结局都不太好，这是因为开国皇帝登基之后，对于功高盖主的开国功臣心怀忌惮，因而不得不以各种借口消灭他们，消除心腹大患。所以人在职场，既要表现出自己的能力和实力，也要把握好分寸，千万不要因为风头太大而让上司对自己心怀忌惮，否则很有可能遭到上司的雪藏，也导致自己的职业生涯发展受到阻碍。

人生的道路不可能一帆风顺，职业生涯的发展也不可能一帆风顺。任何时候，作为职场人士，我们都无法保证自己自始至终不坐“冷板凳”，因而要保证自己正确对待冷板凳。很多人坐在冷板凳上唉声叹气，或者因为对自己缺乏信心而果断放弃“冷板凳”，辞掉工作，一切重新开始。殊不知，如果不是真的不喜欢某个工作，辞职的风险是很大的，因为没有人能保证你换了新工作之后就能万事如意，更不能保证你在新工作中不会遭遇“冷板凳”。因而明智的职场人士知道，与其一味地抱怨或者逃避，不如踏踏实实坐在“冷板凳”上，让自己变得更从容。

作为职场人士，我们要借助坐“冷板凳”的机会提升和完善自己。还要以谦虚谨慎的态度，与他人友善相处。其实，人与人之间一旦沟通不到位，很容易产生各种误解，而如果能够在人际交往中做到宰相肚里能撑船，我们就可以退一步海阔天空，使与他人的交往和谐融洽。尤其是现代职场，团队合作被提升到前所未有的高度，个人英雄主义者已经无法在职场上生存。因而，我们要学会怀着谦虚的态度与团队伙伴合作，也要把自己的小利益放在后面，而以集体的大利益为重。最后，当发现工作中出现误解后，一定要及时向上司或者老板解释自己的初衷，以及时消除误会。当然，很多误会的消除需要一段时间，而并非话说清了问题就能解决。在这样的情况下，我们要把该说的都说明白，然后以实际行动表明自己的态度。要相信只要能坚持做好自己，最终一定会得到公平的对待。

很多朋友对于坐“冷板凳”这件事情存在一定的误区，总觉得自己一旦坐上“冷板凳”，就得不到任何人的关注，因而也就肆意放纵自己。殊不知，坐上“冷板凳”之后，非但不缺乏关注，反而会被更多的人盯着。那些别有用心的人往往等着揪住你的小辫子呢，所以聪明的朋友绝不会疏忽懈怠，反而抓住坐“冷板凳”的机会，更好地表现自己。试想，当一个人以实际行动把“冷板凳”坐热，怎么能不得到大家的认可和赞赏呢！所以，不要把坐“冷板凳”与古代的嫔妃被打入冷宫相提并论，在职场上，坐“冷板凳”恰恰是表现自己、证明自己的好机会，一定要抓住！

笑到最后的人，才是最值得羡慕的

西方有句谚语，叫作“谁能笑到最后，谁才笑得最好”。虽然这句谚语看起来平淡无奇，说的也是日常生活中最浅显的道理，但是在现实中，真正能够贯彻执行这句话的人却少之又少。大多数情况下，人们对于生活中的困境总是感到很抓狂，尤其是在遭遇意外和挫折的打击时，他们更是感到很无奈，胆小怯懦的人就会选择放弃，畏缩不前。殊不知，人生的道路从来不是一帆风顺的，如果人人面对困境都选择退缩，那么在人生的战场上，尽管没有硝烟，逃兵却会遍地都是。

假如逃避能够帮助我们真正摆脱厄运，也倒还好，遗憾的是，逃避并不能使我们彻底摆脱生活的厄运，因为生活中好运气随处可见，坏运气也如影随形，所以2000多年前的智者才会说福祸相依。人生真的就像是战场，虽然没有硝烟，以各种状态出现的危机和敌人却随处可见。如果当逃兵，那么子弹就会从背后射过来，逃兵甚至看不到射出子弹的人。如果勇往直前，不惧怕危险，迎难而上，那么就能看到敌人的所在，也可以最大限度地保护自己。朋友们，在人生的战场上，你是愿意把自己的后背露出来给别人，还是愿意以自身的积极努力来竭尽全力保护自己，掌控命运呢？明智的朋友当然会选择后者，因为人生不能如同案板上的肉一样任人屠宰。而一旦成为命运的掌舵手，我们就能坦然迎着命运的朝阳，并能发自内心地微笑着面对人生。

20世纪初期，汽车刚刚问世，只有非常有钱的富人，才能买得起汽车。1903年，福特正式创建了福特汽车公司，并且为公司定下了经营目标——制造连普通工薪阶层也能购买的汽车。在连续5年的精心研发和潜心制造下，福特最终如愿以偿，造出了只卖800多美元的T型车。T型车一经上市，就得到了无数工薪阶层的追捧，仅当年就卖出去一万多辆。随后，福特又持续降低汽车的生产成本，终于在1912年时，把T型车的价格降低了300多美元。此时，仅仅售卖500多美元的T型车，价格已经低于了人均年收入，这也是汽车制造历史上的奇迹。正是凭着低价策略，福特公司到1913年为止已经卖出去25万辆T型车，创造了汽车销售行业的传奇。

毫无疑问，福特在走大众销售模式，即通过大规模生产，降低每辆车的成本和利润，从而实现全局的盈利。福特并没有因此满足，而是受到肉联厂生产线的启发，当机立断建立起汽车装配线。这样的创新和改革更加提高了福特公司的生产效率，使福特公司在竞争对手中脱颖而出。福特公司的生产量大幅度提升，甚至达到了其他所有汽车公司的总和。然而，1920年美国出现经济危机，人们对汽车的需求量急速降低，这时，福特公司又降价25%，而通用公司却因为无法大幅度降价而导致销售额急速下降。

毫无疑问，通用公司败给了福特公司，通用公司的总裁斯隆痛定思痛，决定放弃与福特T型车之间的低价竞争，而选择从福特公司产品单一的薄弱环节出发，开发和创新更多的车型，从而满足消费者多层次的需要。改变战略方针之后，斯隆带领通用公司找到了新的发展道路，从而使得产品线更加多样化，汽车也能够满足不同层次消费者多元化的需求。渐渐地，通用公司扭转局势，提升了公司的市场占有率，打败了通用公司。

假如把通用和福特之间的竞争放到如今的大背景下，作为通用公司的总裁，其实斯隆的改革和创新策略实在是很普通。然而，在那个时代，斯隆的举措是具有开创意义的，他彻底改变了汽车生产和销售行业的现状，激发出客户深层次、多元化的需求，从而避开了福特公司的优势，一下子击中福特公司的劣势，也使得福特公司的优势变成了劣势。正因为如此，斯隆才能扭转局势，转输为赢，也才能更加满足市场需求，抓住了客户的心，也推动整个汽车生产和销售行业向前发展了一大步。而福特之所以在这一局激烈的竞争中最终败下阵来，是因为他墨守成规，没有以发展的眼光看待人们的生活。他只顾着满足人们初次购买汽车的基本需求，却没有想到汽车使人们的生活发生了翻天覆地的变化，所以人们在第一次购买汽车之后，需求会提升。因为这一点上的局限和疏忽，福特公司的发展发生了翻天覆地的变化。

其实，不仅商场如战场，人生也如同一场博弈。很多人在与人生的博弈中败下阵来，不愿意继续努力和奋斗，很多人对待人生从不屈服，总是不断地推陈出新，改革创新，最终获得了人生的主动权，也在面对人生困境时更从容坦荡。作为人生的强者，除了要有勇敢的心之外，我们更要具有坚强不屈的毅力，把一切做到最好，绝不在人生的困局中败下阵来。既然哭着也是一天，笑着也是一天，朋友们，就让我们笑着度过人生的每一天吧！当你在人生中始终保持微笑，坚强乐观面对一切，那么你就是人生中当之无愧的成功者！

坚持总是很难，坚持到底就是胜利

一个人做一件好事不难，难的是坚持一辈子都做好事。爱情轰轰烈烈如同飞蛾扑火很容易，但是细水长流，始终保持最好的姿态很难。因而真正的人生强者，从不以一件惊天动地的大事就判断自己无所畏惧，因为他们很清楚，唯有在人生中坚持到底，才是真正的内心强大，不可战胜。很多喜欢看电影的朋友都会发现，不管是在风靡全球的《速度与激情》系列影片中，还是在最近的票房之王《战狼2》中，都在推崇一种坚持不放弃的精神。为何如此多的影视剧，都在以各种各样的方式告诉我们“坚持到底就是胜利”这样简单易懂的道理呢？只是因为人人都知道这个道理，但是真正能做到这一点的却少之又少。

人生从来不是一帆风顺的，不是风雨泥泞，就是道路坎坷，总而言之很少有坦途和顺境。这也就注定了每个人在人生之中都必须咬紧牙关往前走，这样才能帮助人们更加坚持，哪怕遭遇逆境也从容不迫。尤其是在职场上，一旦成为社会的人，每个职场人士都会面临各种各样的挑战，也因此而压力倍增。很多职场上的朋友都抱怨自己得不到领导的赏识和认可，因而怨声载道，殊不知，职场上最出类拔萃者，无一不是能够在逆境中崛起且积极地寻求解决办法的人。如今的职场竞争激烈，每个岗位对于人才的要求都很高，要想把工作做得出色，就要面对困境不退缩，从而积极主动寻找办法解决问题。否则，一旦在困境面前丢盔弃甲，我们的人生也就输掉了一半。

每天坚持甩手300下，这看起来是连几岁的孩子都能做到的事情，然而一旦需要坚持，难度就在无形中增大了若干倍。实际上，学习与工作的过程也恰如每天甩手300下，单独看每一天的付出都很微不足道，然而滴水穿石，一旦坚持下去，就会产生神奇的效果。实际上，大多数人对于工作并没有特殊的天赋，而只是因为在工作上坚持付出的力度不同，所以导致每个人在工作上的收获也截然不同。

很久以前，阿基勃特还是美国标准石油公司里一位名不见经传的小职员。然而，他从未把工作当成工作，而是把工作当成事业，把自己当成公司的主人翁。为此，每次不管是出公差还是去商场超市等地方买东西，甚至是写信，总之只要是在需要自己签字的地方，他都会先签名然后写上“标准石油每桶四美元”的字样。渐渐地，公司里的同事给他起了个“标准石油每桶四美元”的绰号，反而很少有人叫他的真名了。一个偶然的机会，当时担任美国标准石油公司董事长的洛克菲勒知道了此事，特意会见了阿基勃特，并且对他的印象非常好，此后就开始有意识地栽培他。最终，洛克菲勒在退休之后，特意指定阿基勃特担任董事长。

对此，很多人都说阿基勃特运气好，居然以简简单单的几个字就赢得了董事长的职位。然而，这些人不知道的是，就是这简简单单的几个字，他们都没有写，只有阿基勃特在写，而且阿基勃特不管在任何场合都写这几个字。也许阿基勃特的学识不是最渊博的，能力也不是最强的，但他是最坚强、最有毅力的。

很多事情，坚持都很容易，因为单独去做每一天都轻而易举，然而坚持也是最难的，因为坚持每一天都做难乎其难，人们总有各种各样的借口和理由放纵自己，让自己不再坚持。所以朋友们，当看到别人因为坚持而获得成功，不要小看别人的成功，而要首先问一问自己是否能如别人一样坚持！

永不言弃，拒绝意志动摇

所谓逆境，就是对于人生起到反作用，也有可能导致事与愿违的境遇。每个人在人生之中都会遭遇逆境，因为人生从来不是一帆风顺的。逆境就像是一部内容深奥的教科书，一个人只在顺境中成长未免浅薄，恰恰是逆境让人变得深沉厚重，也让人的生命变得沉甸甸的，很有分量。

意志薄弱的人面对逆境，常常缴械投降，也难以避免地遭遇失败，而真正的人生强者面对逆境，会把逆境作为不断淬炼自己的机会，让自己如同凤凰涅槃一样浴火重生。细心的朋友也会发现，古今中外那些成就伟大的人，无一不经历了生活的重重磨难，才最终战胜困境甚至是绝境，在人生中崛起的。

尤其是现代社会的年轻人，作为独生子女一代，“80后”和“90后”之中大部分人都已经结束学业，走上社会。因为从小娇生惯养，他们的承受能力很差，面对职场上的巨大压力，未免感到倦怠。而实际上，逆境才能锤炼人的心智，磨炼人的意志，也让人变得更有领悟力。尤其是在与人生的博弈中，坚毅不拔的顽强毅力往往能够帮助年轻人有更好的表现，也使得他们激发出人生的斗志与激情，变得朝气蓬勃。

很多年轻人一遇到小小的困难就马上放弃努力，或者只是浅尝辄止，根本无法对任何事情做出好的成绩。尤其是在工作上，一份工作如果只做三两年，甚至只做三两个月就放弃，根本不可能有任何显而易见的收获。曾经有位管理者说过，任何工作没有至少5年的深耕，作为求职者，根本无法对这份工作指手画脚，做出任何评价。所以年轻的朋友一定要沉淀自己浮躁不安的心，让自己真正做到从容淡然，也给予自己更大的人生发展空间和更美好的人生未来。

作为美国一家保险公司的代理人，瑞基最初进入保险代理行业的时候，简直苦不堪言。他整日开着破旧的二手车四处奔波，想要把自己代理的保险产品卖给其他人，然而不管多么努力，多么辛苦，他的销售业绩始终是零，他为此感到万分沮丧。然而，理智告诉他必须坚持下去，因为唯有这份工作才能改变他的命运，也才能扭转他人生的困顿局面。为此，他每天白天持续奔波，到了晚上带着满身疲倦回家之后，还会写信给那些白天访问过的客户，以文字的方式感谢他们信任自己，与自己针对保险问题进行沟通，也强化白天的沟通效果，帮助客户下定决心在他这里购买保险。他用心地写每一封信，把每一句话都写得打动人心。然而，几个月下来，瑞基的销售工作依然毫无进展。他虽然想要放弃，但是看着理解体贴他的妻子，看着无比信任他的孩子，只能选择继续坚持。

就这样，整整过去了半年的时间，在这半年的时间里，瑞基一直在坚持不懈地努力，再也不动摇自己的理想和信念。为了说服一位小学校长从他这里购买保险，他甚至接连58次拜访这位校长，向校长阐述他所代理的产品具有的优势。在第59次拜访这位校长时，校长终于被瑞基的勤奋敬业打动，决定从瑞基这里购买保险。后来，瑞基成功地赢得了校长的信任，也得到了整个学校的保险订单。

如果没有锲而不舍的坚持精神，瑞基如何能够获得成功呢？不得不说，瑞基的成功不是因为他有多么聪明和勤奋，也不是因为他多么好运，只是因为他在家人的支持下，也在自己强大内心的支持下，一直在坚持，从未动摇，更未放弃。

尤其是对于从事销售行业的人而言，假如在推销失败的时候就彻底放弃，那么即使运气再好也无法获得天上掉馅饼式的成功。越是从事推销工作的人，在被拒绝或者遭到嘲笑之后，越是应该鼓起勇气再次迎难而上。只有战胜了自己内心深处的胆怯和恐惧，我们才能突破内心的囚牢，让自己获得超越性的成功。任何时候，我们都要相信，成功就在最后一次失败的下一次。很多人之所以没有获得成功，是因为他们在最后一次失败时就已经放弃了，所以才没有等到成功。当你有足够的勇气，有坚定不移的内心，你终究会等到成功的到来！

是苦难和磨砺，成就了今日的你

有人说人生是一个不断选择和犯错的过程，有人说人生是一趟没有规程的旅途，也有人说人生是遭受磨难的过程，必须不停地与苦难做斗争，才能熬过人生，成为人生的赢家。的确，不管人生以怎样的方式开始和结束，都注定要遭受各种各样的磨难，哪怕人一生出来就含着金汤匙，也注定要面对人生的风雨泥泞和坎坷，这样才能走出属于自己的人生道路。

常言道，玉不琢不成器，任何人只有经历苦难和磨砺，才能让自己渐渐塑形，最终战胜磨难，成就人生。也许有很多朋友都会抱怨自己的人生之路不够顺遂如意，实际上没有人的人生会一帆风顺，当我们对于磨难怀着极其强烈的抗拒态度时，我们就无法成功战胜磨难。实际上，所谓心态决定一切是很有道理的，当我们调整好心态，从容地面对人生中的诸多磨难，与磨难和谐共生，理智解决磨难，那么我们对于磨难的对抗心理就能减弱一些，也能够成功战胜苦难和磨难，成就自己。

作为一家公司的销售总监，仰景年轻有为，得到了很多同事的一致好评。尤其是从得到晋升之后，作为全公司最年轻的总监，仰景更是“万人瞩目”。不过，既然有同事羡慕和钦佩仰景，也就有同事对仰景不服气。为此，很多人也盯着仰景，都想看看这么年轻的仰景到底有什么过人之处。

有一段时间，仰景负责的华东地区的销售工作出现大幅波动，销售业绩急速下滑。仰景刚刚上任就面对这样的境遇，未免有点手忙脚乱，也不知道该如何应对。得知销售业绩下滑的当天晚上，他就赶紧从华东地区的上海总部飞到北京汇报工作，也连夜和总部的相关负责人召开会议，商量对策。原来，华东地区的销售业绩之所以下滑，是因为行业内突然出现一匹黑马，争夺了很大的市场占有率。不仅仰景所在的公司受到严重冲击，其他同行业公司也都受到了不同程度的影响。经过与上级领导的一番协商，仰景决定反其道而行，针对对方的价格战，及时推出公司的新产品，并且把新产品在原有价格的基础上提高了5%。这样一来，公司的新产品以价格拉开了与竞争对手公司新品的档次和差距，而且还迫使竞争对手公司尽管让利，却无法起到预期的效果。很多客户坚信一分价格一分质量的道理，也坚决选择仰景公司的新产品，而不为低价产品所动。这样一来，仰景打了个漂亮的翻身仗，不仅迅速使公司产品在华东地区的销量上升，而且给了竞争对手有力的回击。

人在职场，职位越高，承受的工作责任和压力也就越大。很多职场人士一味地追求升职加薪，总觉得一旦升职，自己就可以高枕无忧了，殊不知现代职场没有任何职位是清闲的，也没有任何人能够不劳而获。

从本质上而言，任何苦难与磨砺，都是人生必然经历的，人生就像一个大舞台，所谓台上一分钟，台下十年功，我们不能只看到他人的成功，而要看到他人在成功背后付出的一切努力和辛苦。在抱怨过往的时候，我们也要想到，我们之所以能够成就今日的自己，恰恰是因为人生中曾经经历的诸多磨难。正所谓人生中的每一段经历都会使人有所收获，既然如此，我们也要欣然接受这样的磨难，只有真正发自内心地接受，我们才能更加从容坦然接纳苦难和磨砺，也才能从中汲取对人生有用的养分，积累宝贵的人生经验。

参考文献

[1]倪浩，张淑娟. 不吃苦，不奋斗，你要青春干什么 [M].北京：企业管理出版社，2017.

[2]林开平. 你不拼命，有什么资格谈未来 [M].北京：台海出版社，2017.

[3]李世强. 现在你受的苦，必将照亮未来的每一步 [M].上海：文汇出版社，2016.